Berliner geographische Studien

Herausgeber: Burkhard Hofmeister, Frithjof Voss

Schriftleitung: H. Acker, M. Wiesemann

Band 31

Hydro- und Morphodynamik im Tidebereich der Deutschen Bucht

von Jacobus Hofstede

D 83

Berlin 1991

Institut für Geographie der Technischen Universität Berlin

Die Arbeit wurde am 05.11.1990 vom Fachbereich Bergbau- und Geowissenschaften der Technischen Universität Berlin
unter dem Vorsitz von Prof. Dr. F. Voss,
aufgrund der Gutachten von Prof. Dr. W. Siefert, Prof. Dr. G. Borchert und Prof. Dr. F. Voss als Dissertation angenommen.

Herausgeber: Prof. Dr. Burkhard Hofmeister
Prof. Dr. Frithjof Voss

Schriftleiter: Michael Wiesemann-Wagenhuber
Turiner Straße 8
W - 1000 Berlin 65
Tel.: (030) 456 64 07

Titelseite: Dipl.-Ing. Hans-Joachim Nitschke
Inset: Luftbild 1975 des Neuwerk/Scharhörner Wattkomplexes (Aufnahme Hansa Luftbild, freigegeben Reg. Präs. Münster, Nr. 1426 von 1975)

ISSN 0341-8537
ISBN 3 7983 1422 5

Vertrieb: Technische Universität Berlin
Universitätsbibliothek, Abt. Publikationen
Franklinstraße 15
W - 1000 Berlin 12
Tel. 030/ 314-22976
Telex 018 3872 ubtu d

Druck: Offsetdruckerei Gerhard Weinert
Saalburgstraße 3
W - 1000 Berlin 42
Tel.: 030/ 606 20 46

VORWORT

Die Arbeiten im Rahmen des KFKI-Projektes MORAN (Obmann Prof. Dr.-Ing. W. Siefert) wurden finanziell durch Mittel des Bundesministeriums für Forschung und Technologie und durch Eigenmittel der beteiligten Behörden und Dienststellen unterstützt. Ohne die vom Referat Hydrologie Unterelbe, eine Dienststelle des Strom- und Hafenbau Hamburg, bereitwillig zur Verfügung gestellten Daten und Unterlagen, wäre eine erfolgreiche Durchführung der Untersuchung nicht möglich gewesen.

Die Betreuung der Dissertation lag bei den Herrn Prof. Dr. F. Voss und Prof. Dr.-Ing. W. Siefert. Herrn Prof. Dr.-Ing. W Siefert möchte ich für die vielen Diskussionen danken, die die Richtung meiner Forschungen maßgeblich mitbestimmt haben. Herr Prof. Dr. F. Voss hat durch viele Anregungen, sowie durch die Schaffung eines optimalen Arbeitsklimas, die Untersuchung wesentlich erleichtert.

Für die Möglichkeit, das vorliegende Manuskript in der Schriftenreihe der "Berliner Geographische Studien" zu veröffentlichen bin ich Herrn Prof. Dr. F. Voss und Herrn Prof. Dr. B. Hofmeister zu Dank verpflichtet.

Ausdrücklich möchte ich meinen Kollegen, Herrn Dipl.-Geograph A. Schüller erwähnen, mit dem ich während des gesamten Projektes in sehr guter und fruchtbarer Atmosphäre zusammengarbeitet habe.

Weiterhin möchte ich die Herrn Prof. Dr. G. Borchert, LBD. P. Petersen Dr. H.-J. Dammschneider und die Mitglieder der KFKI-Projektgruppe MORAN, insbesondere Herrn Dr. P. Wieland, nennen. Die anregenden Diskussionen, die wir während der MORAN-Sitzungen führen konnten, waren mir von großem Nutzen.

Den Herrn Vu und Köves seien gedankt für das Schreiben des Computerprogrammes MORAN, dem Herrn Vu zusätzlich für die vielen von ihm durchgeführten MORAN-Auswertungen. Lobenswert war auch die ständige Hilfsbereitschaft der Angestellten vom Referat Hydrologie Unterelbe des Strom- und Hafenbau Hamburg in Cuxhaven.

INHALTSVERZEICHNIS

ABBILDUNGSVERZEICHNIS

TABELLENVERZEICHNIS

SYMBOLVERZEICHNIS

Symbol	Einheit	Begriffsbestimmung
a	Jahr	Vergleichszeitraum (Zeitdiff. zwischen zwei top. Aufnahmen)
a_0	Jahr	Zeitraum, in dem h_u bei gleichsinniger, linearer Veränderung der Topographie der Teilflächen einer Einheit erreicht würde
c	m/s	Wellenfortschrittsgeschwindigkeit
d	m	Wassertiefe
g	m/s^2	Erdbeschleunigung
h'	cm	Höhenänderung einer Teilfläche von 1 ha Größe ($h_u' = h_b' = h_s'$ bzw. h_e')
h_b	cm	mittlere Bilanzhöhe einer Fläche
h_u	cm	mittlere Umsatzhöhe einer Fläche
h_{ua}	cm	asymptotischer Grenzwert von h_u ($h_{ua} = \bar{h}_u$)
t	Jahr	fortlaufende Zeit
t_{krit}	s	Zeitraum in dem v_{krit} pro Tidephase überschritten wird
v	cm/s	Stromgeschwindigkeit
v_{emax}	cm/s	maximale Ebbstromgeschwindigkeit
v_{fmax}	cm/s	maximale Flutstromgeschwindigkeit
v_{kenn}	cm/s	kennzeichnende Stromgeschwindigkeit ($\sqrt{(v_{max} * v_{mit})}$)
v_{krit}	cm/s	kritische Transportgeschwindigkeit
v_{max}	cm/s	maximale Stromgeschwindigkeit
v_{mit}	cm/s	mittlere Stromgeschwindigkeit
E_*	J	Seegangsenergie
F	m^2	Durchflußquerschnitt der Tiderinne
H	m	Wellenhöhe
$H_{1/3}$	m	kennzeichnende Wellenhöhe (höchstes Drittel aller auftretenden Wellen)
$H_{0,9}$	m	von 90% aller Wellen im Spektrum unterschrittene Höhe
L	m	Wellenlänge
$LH_{1/3}$	m	Länge der kennzeichnenden Wellen
N	W (J/s)	Leistungsdurchgang einer Welle
P	%	Häufigkeit mit der U erreicht oder überschritten wird
SV_n	km/Tide	vektorielle Integrale über die Strömung einer vollen Tidephase
T	s	Wellenperiode
$TH_{1/3}$	s	Periode der kennzeichnenden Wellen
T_{pot}	m	potentielle Transportkapazität
U	m	topographische Ungleichförmigkeit (Höhe der 10% höchsten minus Höhe der 10% tiefsten Teilflächen einer Einheit)
U_{max}	cm/s	maximale Orbitalgeschwindigkeit an der Sohle
V_e	km/Tide	vektorielle Integrale über die Ebbstromzeit
V_f	km/Tide	vektorielle Integrale über die Flutstromzeit
V_T	m^3	Tidewasservolumen
δw	g/cm^3	Wasserdichte
ß	$Jahr^{-1}$	morphologische Varianz (reziproker Wert von a_0)

1 EINFÜHRUNG

1.1 Vorgeschichte

Ende der sechziger Jahre wurde im damaligen Küstenausschuß Nord- und Ostsee ein Untersuchungsprogramm mit dem Ziel: "Bilanzierung kleinerer bis größerer morphologischer Einheiten bis hin zur Gesamtküste", formuliert. Um dieses Ziel zu erreichen, wurden in den Jahren 1974/75 und 1979/80 zwei quasi-simultane Vermessungen des gesamten deutschen Küstenvorfeldes durchgeführt.
Zur Auswertung dieser geodätischen Aufnahmen wurde 1978 im KFKI (Kuratorium für Forschung im Küsteningenieurwesen) eine Projektgruppe "Morphologische Analysen Nordseeküste" (MORAN) gebildet. Neben dem o.g. Ziel strebte die Projektgruppe die Lösung weiterführender morphologischer Probleme an (SIEFERT, 1983):

- den Trend der Verlagerung von Rinnen und Platen im Küstenvorfeld und in den Ästuaren der deutschen Nordseeküste innerhalb eines bestimmten Zeitraumes feststellen und analysieren;
- die Sedimentations- und Erosionsgebiete sowie materialbedingtes Formeninventar (soweit möglich) herausarbeiten;
- die Ergebnisse im Zusammenhang mit den formenden Kräften darzustellen;
- Schlußfolgerungen für die praktische Arbeit an der Küste zu ziehen.

1983 wurde ein erster Zwischenbericht des MORAN-Projektes - "Pilotstudie Knechtsand" (SIEFERT, 1983) - publiziert. In dieser Studie wurde für das Testgebiet Knechtsandwatt versucht, die Verknüpfung von morphologischen und hydrologischen Prozessen zu demonstrieren. Dazu wurde u.a. eine Hypothese zur Berechnung von Höhenänderungen im Küstenvorfeld entwickelt sowie der Versuch gemacht, korrelierbare morphologische und hydrologische Parameter herauszuarbeiten.
Es wurden zudem Überlegungen zur praktischen Bedeutung des MORAN-Projektes angestellt. Dabei stellte sich folgendes heraus: "Wenn topographische Veränderungen im Küstenvorfeld unerkannt bleiben, so kann das zur Folge haben:

- negative Auswirkungen auf den Küstenschutz (einschl. Halligen und Inseln);
- Gefährdung der Fahrrinnen in den Strömen;
- Gefährdung der Zufahrten zu den kleinen Küstenhäfen, Fährhäfen, Außentiefs;
- Gefährdung von Bauwerken (Türme, Pfähle, Baken, Buhnen, Dämme, Plattformen u.a.);
- Gefährdung von Pipelines, Kabelverbindungen und Wasserleitungen sowie dadurch mögliche Gefährdung der Ökologie und der Schiffahrt;
- Veränderungen der Umweltbedingungen, z.B. für Vögel (Beruhigungszonen, Flachwasserflächen) und Seehunde (Strömungsbänke);
- Gefährdung des Wattes als Reinigungsgebiet und Nahrungsquelle;
- fehlende Hinweise auf sinnvolle Steuerungsmaßnahmen (prognostische Modelle, Lenkungsmaßnahmen)".

1987 wurde in einem ersten Abschlußbericht des MORAN-Projektes die Morphodynamik im Neuwerk/Scharhörner Wattkomplex schwerpunktmäßig dargestellt

(SIEFERT, 1987). Es wurden in Anlehnung an die 1983 entwickelten Ansätze theoretische Überlegungen zur quantitativen Erfassung von Materialumlagerungen im Wattenmeer angestellt. Als Resultat wurde ein Auswertungsverfahren dargestellt, durch das anhand von Kartenvergleichen verschiedene morphologische Parameter erfaßt werden können, welche die Morphodynamik eines Wattgebietes charakterisieren. Diese Parameter werden von empirisch-hypothetischen Ansätzen abgeleitet. Für den Neuwerk/Scharhörner Wattkomplex konnten an Hand dieses Verfahrens energetisch ähnliche Gebiete erkannt und charakterisiert werden.

1.2 Zielsetzung

Es wurde aber als notwendig empfunden, die gewonnenen Erkenntnisse durch weiterführende Arbeiten zu ergänzen bzw. zu erweitern. Dazu wurden für den Verfasser dieser Arbeit folgende Aufgaben formuliert:

- genauere Untersuchung der morphologischen Zusammenhänge in den von SIEFERT (1987) definierten Teilbereichen des Neuwerk/Scharhörner Wattkomplexes;
- Untersuchungen über die Frage, welche hydrologischen Parameter für die morphodynamische Analyse am besten geeignet sind bzw. gegebenenfalls die Entwicklung von neuen hydrologischen Parametern;
- Verknüpfung der entwickelten morpho- und hydrologischen Parameter zu einer morphodynamischen Unterteilung bzw. Charakterisierung des Neuwerk/Scharhörner Wattkomplexes;
- Überprüfung des MORAN-Auswertungsverfahrens in anderen Wattgebieten;
- Entwicklung einer standardisierten Methode, die geeignet ist, durch die Erfassung weniger wichtiger Parameter säkulare morphologische Veränderungen abzuschätzen.

Die heutige Morphologie eines Wattkomplexes ist eine direkte Folge der in der Vergangenheit aufgetretenen und abgeschlossenen hydro- und morphologischen Prozesse. Somit sollte eine fundierte Untersuchung der heutigen Morphodynamik mit einer Beschreibung der morphologisch/geologischen Entwicklungsgeschichte des Wattkomplexes eingeleitet werden (Kap. 2). Unter Berücksichtigung der Zielsetzung wird die Verknüpfung hydro- und morphologischer Veränderungen schwerpunktmäßig behandelt.

1.3 Zentrales Untersuchungsgebiet

Schon am Anfang des MORAN-Projektes, nach den ersten Auswertungen für das Testfeld Knechtsand (BARTHEL, 1981), stellte sich heraus, daß für eine genaue morphodynamische Analyse mehr als nur zwei topographische Aufnahmen sowie Detailkenntnisse über die Seegangs- und Strömungsverhältnisse benötigt werden. Diese Voraussetzungen sind weitgehend für das südliche Elbmündungsgebiet, den Neuwerk/Scharhörner Wattkomplex (Abb. 1), gegeben. In den 60er und 70er Jahren hatte die Freie und Hansestadt Hamburg in diesem Wattgebiet einen Tiefwasserhafen geplant. Aus diesem Anlaß wurde die Forschungsgruppe Neuwerk gegründet, deren Ziel es war, die Morphodynamik des Neuwerk/Scharhörner Wattes zu erforschen und einen Plan für einen Tiefwasserhafen zu entwickeln. Dank der Arbeit dieser Forschungsgruppe liegen jetzt bis zu 16 topographische Aufnahmen aus den Jahren 1965 bis 1979 vor, die den größten Teil dieses Wattgebietes (etwa 340 km^2) erfassen. Zusätzlich existieren aus diesem Gebiet geologische Untersuchungen sowie Bodenuntersuchungen, Schwebstoff- und Leitstoff(Tracer)messungen und über 300 Dauerstrom- und Seegangsmessungen (siehe u.a. GÖHREN, 1971).

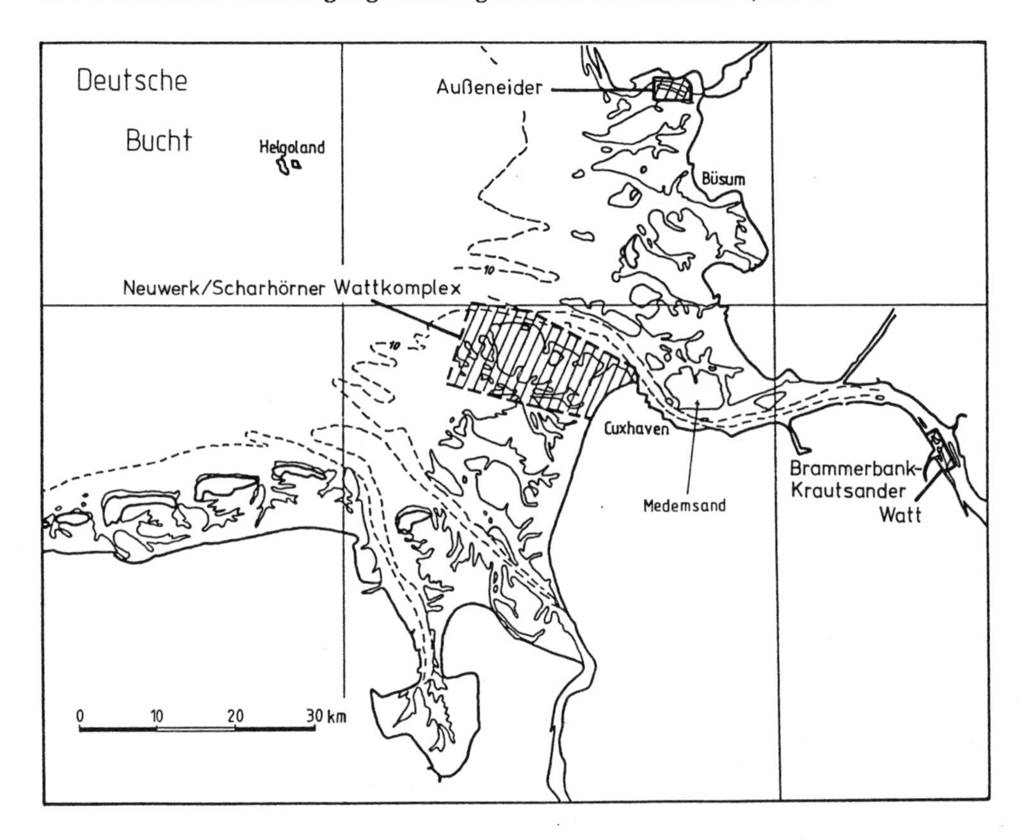

Abb. 1: Die Innere Deutsche Bucht mit den untersuchten Gebieten.

Der Kern des untersuchten Gebietes formt das etwa 200 km^2 große Neuwerk/Scharhörner Watt. In dieses Watt schneiden sich folgende größere Priele ein: die Hundebalje, die Eitzenbalje und das Buchtloch an der Nordseite sowie das Bakenloch, das Neuwerker Loch und das Wittsandloch an der Südseite. Die seeseitige Grenze des Wattes wird von der supralitoralen Scharhörner Plate eingenommen. Auf dem Watt existieren drei Inseln: die Düneninsel Scharhörn, seit 1989 die Vogelschutzinsel Nigehörn (beide auf der Scharhörner Plate) und das bedeichte Neuwerk auf dem Neuwerker Watt. Das inter- und sublitorale Scharhörnriff schließt westlich an der Scharhörner Plate an. Nördlich des Wattes bzw. des Scharhörnriffes liegt die Elb-Mündung. Südlich des Wattes schließlich liegt das Seegat Till. Dieses Seegat setzt sich zusammen aus den Tiderinnen Oster-, Wester- und Nordertill, dem Robben- und dem Scharhörnloch sowie aus den eulitoralen Robbenplaten und Hö-henhörn Sänden. Ende der sechziger Jahre wurde von Cuxhaven ausgehend ein Leitdamm entlang der Nordflanke des Neuwerker Wattes fertig, wodurch das Neuwerker Fahrwasser teilweise von der Hauptelbe abgeschnitten wurde.

2 DIE GEOLOGISCHE ENTWICKLUNGSGESCHICHTE DES NEUWERK / SCHARHÖRNER WATTKOMPLEXES

2.1 Der holozäne Meeresspiegelanstieg

Vor 18.000 Jahren, während des Maximums der Weichsel-Kaltzeit, lagerte bis zu dreimal mehr Eis auf dem Festland der Erde als heute. Dieses hatte u.a. zur Folge, daß der Meeresspiegel zwischen 110 und 130 m unter dem heutigen Niveau lag und das gesamte Nordseegebiet landfest war. Die Phase maximaler Vergletscherung wurde von einer Periode der Klimaverbesserung abgelöst, wobei die Landeiskappen Skaninaviens und Nordamerikas völlig abschmolzen. Nach der traditionellen These begann das Abschmelzen zwischen 17.000 und 15.000 BP an, erreichte ein Maximum rund 11.000 BP und endete zwischen 7.000 und 5.000 BP. Es gibt aber Indizien dafür, daß sich das Abschmelzen der Landeiskappen in zwei Schritten vollzogen hat (RUDDIMAN & DUPLESSY, 1985).
Am Anfang des Holozäns (10.000 BP) lag der Meerespiegel um -65 m NN, damals war etwa die Hälfte des Landeises abgeschmolzen (JELGERSMA, 1979). Die damalige Nordseeküste lag direkt nördlich der Doggerbank. Etwa 2.000 Jahre später, zu einem Zeitpunkt, als der Laurentische Eisschild in Nordamerika noch etwa 50% seiner maximalen Ausdehnung besaß (LAMB, 1977), war die skandinavische Landeiskappe völlig verschwunden. Vor etwa 5000 Jahren war auch die Laurentische Landeiskappe weitgehend abgeschmolzen.
Somit endete der glazialeustatische Meeresspiegelanstieg um 5.000 BP bei einem Niveau in der inneren Deutschen Bucht um -7 m NN (BEHRE, 1987a,b). Seitdem ist der relative Meeresspiegel hier durchschnittlich um 14 cm/Jh. angestiegen, was nach JELGERSMA (1966) vor allem auf isostatische und tektonische Bewegungen zurückzuführen ist.
Es wird angenommen, daß der relative Meeresspiegelanstieg spätestens seit dem Abflauen des glazialeustatischen Anstieges vor etwa 7.000 bis 5.000 Jahren mit signifikanten Fluktuationen verlief. Nach ROELEVELD (1980) versteht man unter einer Transgression eine Periode, in der in einem größeren Gebiet (regional) der Einfluß des Meeres verglichen zum vorhergegangenen Zeitabschnitt zugenommen hat. Die Ursache für diese Zunahme des Meereseinflusses kann demnach eine Beschleunigung des Meeresspiegelanstieges sein, aber auch eine Verringerung der Sedimentzufuhr, eine Zunahme der Sturmfluthäufigkeit und/oder -intensität oder die Zerschneidung einer vorgelagerten Küstenbarriere durch eine Zunahme des Tidehubes.

In der Deutschen Bucht wurde die holozäne Ingression rund 4.500 BP bei einem Meeresspiegelstand um -5 m NN zum ersten Mal signifikant unterbrochen (KÖHN, 1990). Zwischen etwa 4.500 und 4.000 BP überwogen regressive Tendenzen, wodurch sich der sog. "Mittlere Torf" bilden konnte. Von 4.000 bis etwa 3.300 BP wurde die Gestaltung der Deutschen Bucht wieder überwiegend von transgressiven Prozessen geprägt. Diese Phase wurde von einer Regression abgelöst, wobei sich der sog. "Obere Torf" bildete. Nach STREIF (1989) findet rund 2.700 BP in der Deutschen Bucht eine Absenkung des relativen Meeresspiegels statt. Diese Aussage basiert auf datierten Verwitterungshorizonten im Moor, Übergängen vom Schilf- zum Hochmoor und Bodenbildung auf klastischen Sedimenten. Dieses würde bedeuten, daß um 2.700 BP die isostatisch/tektonische (Land)Senkung soweit abgenommen hätte, daß sie zum ersten Mal von einer (thermisch bedingten) eustatischen Meeresspiegelsenkung ausgeglichen werden konnte. Diese relative Senkung markiert den Anfang der ersten Siedlungsperiode in den nordwestdeutschen Marschgebieten, die bis etwa 400 v. Chr. andauerte (BRANDT, 1980). Nach einer kurzen transgressiven Periode mit Sturmfluteinbrüchen zwischen 2.300 und 2.000 BP erlaubte eine zweite relative Senkung des Meeresspiegels um Christi Geburt erneut Siedlungen zu ebener Erde (BRANDT, 1980; KÖHN, 1990). Durch eine Erhöhung des Sturmflutscheitels mußten diese Siedlungen jedoch bald künstlich erhöht (1. Wurtenperiode) und schließlich ganz aufgegeben werden. Im siebenten Jh. konnten wiederum Siedlungen zu ebener Erde gegründet werden, die jedoch auch bald wieder künstlich erhöht werden mußten (2. Wurtenperiode). STREIF (1989) hat nachgewiesen, daß die MThw-Linie im Raum Wangerooge zwischen 600 und 700 AD zwischen NN und +0,4 m NN lag. BANTELMANN (1966) ermittelte an Hand archäologischer Untersuchungen an der Warft Elisenhof (Eidermündung) ein MThw-Niveau von etwa +0,6 m NN um 800.

2.1.1 Mögliche Entwicklung des MThw-Niveaus in der Deutschen Bucht zwischen 600 und 1890 AD

Seit 1000 AD häufen sich die Meeresspiegelindikatoren in Nordwest-Europa. Nach kritischer Bewertung dieser botanischen, sedimentologischen, morphologischen, archäologischen und historischen Daten wurde eine etwaige mittlere Tidehochwasserkurve (MThw) für die Innere Deutsche Bucht zusammengestellt (Abb. 2).

Etwa ab 900 liegen die ersten Temperaturschätzungen für Nordwest-Europa vor. LAMB (1977) hat eine Temperaturkurve für Mittelengland seit dem 9. Jh. entworfen. An Hand dieser Kurve und anderen Klimadaten haben BARTH & TITUS (1984) eine globale Temperaturkurve seit 900 rekonstruiert (Abb. 2). Aus dieser Kurve geht hervor, daß die Periode zwischen 900 und 1200 von deutlich ansteigenden Temperaturen gekennzeichnet wurde. SCHWEINGRUBER et al. (1988) haben an Hand von dendroklimatologischen Untersuchungen in den Alpen zeigen können, daß hier zwischen 1070 und 1220 überdurchschnittlich hohe Sommertemperaturen vorherrschten (Abb. 2). Der Temperaturanstieg wird zu einer thermischen Ausdehnung des Ozeanwassers, einen Gletscher-rückgang und konsequenterweise zu einem Meeresspiegelanstieg geführt haben. An Hand radiometrischer, botanischer und sedimentologischer Untersuchungen an Watt- und Marschablagerungen in der Nähe von Wangerooge schloß HANISCH (1980) auf ein dem heutigen entsprechendes MThw (+1,3 m NN) für die Zeit um 550 BP (1400 AD). Auch STREIF (1989) errechnete, daß das MThw entlang den ostfriesischen Inseln mit großer Wahrscheinlichkeit irgendwann zwischen 1125 und 1395 ein Niveau erreicht haben muß, das dem heutigen entspricht. Diese Periode ist fast deckungsgleich mit der mittelalterlichen Warmzeit ("Kleines Optimum"), die nach LAMB (1977) etwa von 1150 bis 1300 andauerte. MÖRNER (1984) schließlich ermittelte einen Meeresspiegelhochstand um 1250 für Mittel-Schweden. Somit läßt sich für die Periode von 600/700 bis 1100/1200 ein durchschnittlicher MThw-Anstieg von 23 ± 9 cm/Jh ermitteln, der in etwa dem des letzten Jahrhunderts entspricht (s.u.).

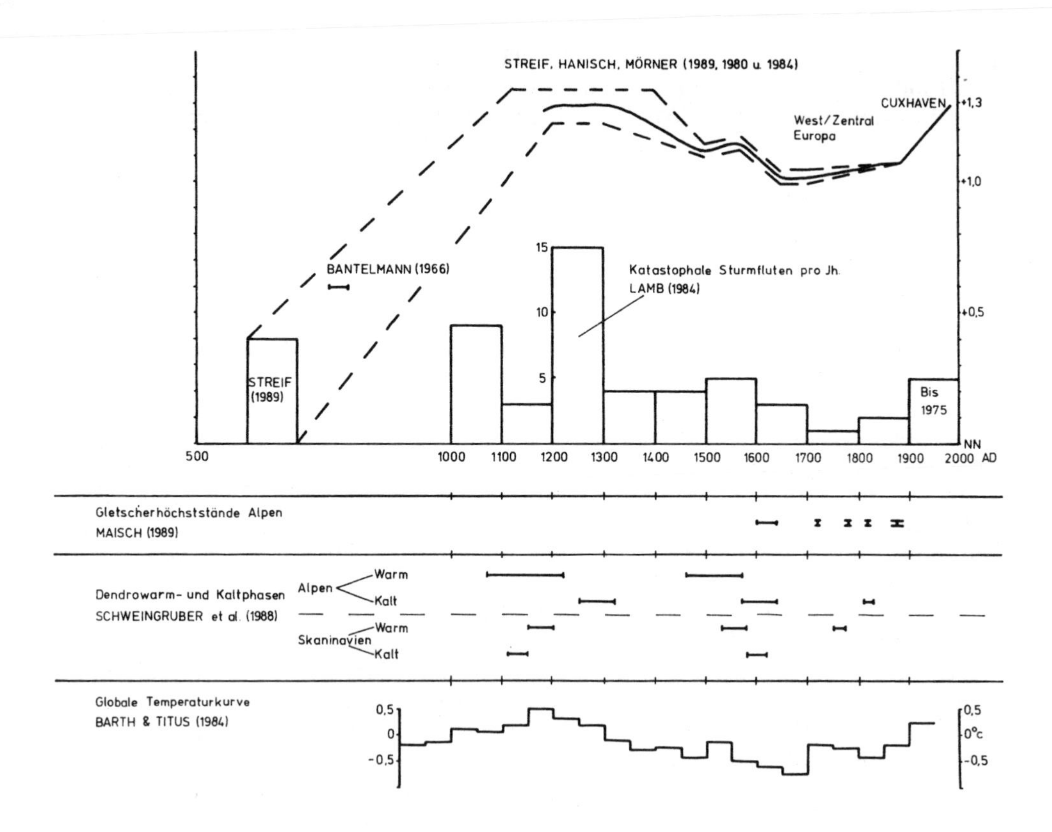

Abb. 2: Mögliche Entwicklung des MThw in der Inneren Deutschen Bucht seit etwa 600.

Der hohe Meeresspiegelstand hat in Zusammenhang mit der seit etwa 800 zunehmenden Sturmflutaktivität (LINKE, 1979; LAMB, 1984) und der seit der Bedeichung stattfindenden Absenkung der Marsch durch Setzung und Salzgewinnung (BANTELMANN, 1966) zu erheblichen Landverlusten in der Deutschen Bucht, wie beispielsweise während der sog. "Großen Mandränke" (Marcellusflut) von 1362, geführt.

Das Kleine Optimum wurde nach einer Übergangsperiode von der sog. "Kleinen Eiszeit" abgelöst. Diese Periode wird meist von etwa 1550 bis 1850 angenommen. Sie wird von weltweiten Gletschervorstößen und erheblichen Temperatursenkungen gekennzeichnet (FLOHN, 1985). Es darf demnach von einer starken eustatischen Senkung des Meeresspiegels ausgegangen werden. LAMB (1982a) hält einen Unterschied von 50 cm zwischen Maxima während des Klima-Optimums und Minima während der Kleinen Eiszeit für möglich. MÖRNER (1984) ermittelte für Mittel-Schweden drei Meeresspiegeltiefststände um 1525, 1640 und 1840.

In der Temperaturkurve von BARTH & TITUS (1984) fällt ein kurzfristiger Anstieg von 1500 bis 1550 auf. In den Alpen wird die Periode von 1460 bis 1570, in Nordskandinavien von 1530 bis 1570, von überdurchschnittlichen Sommertemperaturen gekennzeichnet (SCHWEINGRUBER et al, 1988). Diese überregionale kurze Klimaverbesserung zwischen etwa 1500 und 1570 kann durchaus einen um etwa 20 Jahre verzögerten (GÖRNITZ et al., 1982) eustatischen Meeresspiegelanstieg um einige cm verursacht haben. Es ist bemerkenswert, daß die schwerste Sturmflut des 16. Jahrhunderts, die Allerheiligenflut von 1570, in diese Periode fiel.
Aus der Temperaturkurve geht hervor, daß die Periode von 1600 bis 1700 die kälteste des letzten Jahrtausends war. SCHWEINGRUBER et al. (1988) ermittelten für die Alpen von 1570 bis 1640 und für Nordskandinavien von 1580 bis 1620 überdurchschnittlich kalte Sommer. In den Alpen fanden während der Periode 1600 bis 1640 zudem die ersten großen Gletschervorstöße der Kleinen Eiszeit statt (MAISCH, 1989; Abb. 2). Es darf demnach davon ausgegangen werden, daß der niedrigste Meeresspiegelstand der Kleinen Eiszeit während dieses Zeitabschnittes erreicht wurde.
Zwischen etwa 1700 und 1850/60 dehnten sich die Gletscher in den Schweizer Alpen mit Fluktuationen immer mehr aus, bis Mitte des 19. Jh. die sog. Maximal-Ausdehnung erreicht wurde (FLOHN, 1985; MAISCH, 1989). An Hand von vielen Klimaindikatoren zeigt FLOHN (1985), daß die Periode von 1700 bis etwa 1855 durch ein sehr instabiles Klima gekennzeichnet war; insgesamt ist für die Periode von 1700 bis etwa 1850 ein schwacher Temperaturanstieg zu erkennen. Welcher dieser beiden Mechanismen, Meeresspiegelsenkung durch Gletscherausdehnung, oder Meeresspiegelanstieg durch Temperaturanstieg überwog, läßt sich direkt ermitteln. GORNITZ & SOLOW (in Vorb.) haben weltweit mehrere sog. Langzeit-Pegelstationen auf eventuelle Beschleunigungen des Meeresspiegelanstieges hin untersucht. Eines der Ergebnisse war die Erstellung einer normierten "mean sea level curve" (MSL) für West/Zentral Europa seit 1700 (Abb. 3). In dieser Kurve sind die Wasserstandsangaben der Pegel Brest (1807-1970), Aberdeen (1862-1965), Amsterdam (1700-1940), Vlissingen (1862-1985), Hoek van Holland (1864-1985), Ijmuiden (1872-1985), Den Helder (1832-1985), West Terschelling (1887-1985), Harlingen (1865-1985) und Delfzijl (1865-1985) verarbeitet worden. Aus dieser Kurve geht hervor, daß sich der Meeresspiegel zwischen 1700 und 1890 nur geringfügig geändert hat. Da allerdings bei der Zusammensetzung dieser "west/zentral europäischen Kurve" keine deutschen Pegel berücksichtigt worden sind, kann sie nur als Indiz für die Entwicklung in der Deutschen Bucht angesehen werden.
Aus diesem Grund wurde für Cuxhaven (der einzige Ort entlang der deutschen Nordseeküste, wo schon lange genug vor 1890 MThw-, und MTnw-Angaben registriert werden) auf ähnliche Weise eine normalisierte MT1/2w-Kurve angefertigt (Abb. 3). Dabei ist zu berücksichtigen, daß die Tide durch astronomische und örtliche Einflüsse mitbestimmt wird und daher die Form der Tidekurve von einer reinen Sinuskurve abweichen kann. Dies bedeutet, daß

$$MT1/2w = 1/2\,(MThw + MTnw)$$

und MSL (die Waagerechte Schwerelinie einer mittleren Tidekurve als Tidemittelwasserstand, MTmw) in der Höhe differieren können. Nach LASSEN (1989) ist diese Abweichung in Cuxhaven mindestens seit 1886 in etwa konstant, wodurch der Vergleich der west/zentral europäischen MSL- und der Cuxhavener MT1/2w-Kurve gerechtfertigt ist. Die sehr große Übereinstimmung zwischen beiden Kurven deutet darauf hin, daß die west/zentral europäische Kurve auch entlang der deutschen Nordseeküste Gültigkeit hat.

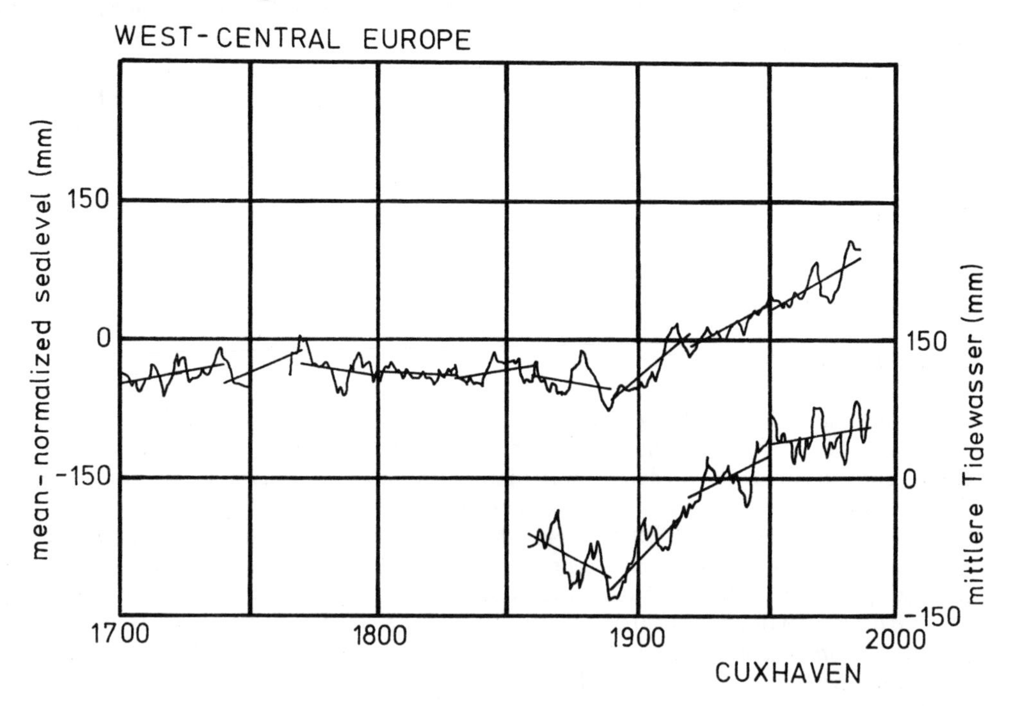

Abb. 3: **Entwicklung des MTmw in West/Zentral Europa seit 1700 nach GÖRNITZ & SOLOW (in Vorb.) und in Cuxhaven seit 1855.**

EKMAN (1988) hat die Landhebung in Stockholm seit 1774 mit Hilfe linearer Regressionen für zwei hundertjährige Zeitfolgen ermittelt:

$$\Delta H(1774\text{-}1874) = 4{,}93 \pm 0{,}23 \text{ mm/J}$$
$$\Delta H(1874\text{-}1984) = 3{,}92 \pm 0{,}19 \text{ mm/J}$$

Die Differenz zwischen den Zeitreihen von

$$\Delta H = 1{,}01 \pm 0{,}3 \text{ mm/J}$$

führt EKMAN (1988) auf den seit Ende der Kleinen Eiszeit auftretenden MSL-Anstieg von 1 mm/J zurück, d.h. seiner Meinung nach gab es auch im Raum Stockholm zwischen 1774 und 1874 keinen MSL-Anstieg.
Da es keinerlei Indizien dafür gibt, daß sich der Tidenhub zwischen 1700 und etwa 1890 stark geändert hat, darf gefolgert werden, daß sich auch das MThw zwischen 1700 und 1890 wenig geändert haben wird.

2.1.2 MThw-Entwicklung in der inneren Deutschen Bucht seit 1890 und ihre Ursachen

Aus Abb. 3 geht hervor, daß um 1890 ein Knick in den Meeresspiegelkurven auftritt. Diesen Knick findet man auch in den MThw-Kurven wieder. Seit etwa 1890 werden an verschiedenen Pegeln verschiedene MThw-Anstiegsraten registriert. Die Werte schwanken für die Niederlande zwischen 19 und 33 cm/Jh (De RONDE & VOGEL, 1988), für die deutsche Nordseeküste zwischen 19 und 31 cm/Jh, während in Cuxhaven ein Anstieg von 22 cm/Jh. erzielt wurde (Abb. 4 oben).
Das MTmw-Niveau stieg in den Niederlanden zwischen 1890 und 1960 um etwa 11 bis 15 cm an. Anschließend stabilisierte sich hier das MTmw-Niveau (VAN MALDE, 1984). In Abb. 4 unten ist die MT1/2w-Entwicklung in Cuxhaven seit 1855 dargestellt. Von 1855 bis 1890 fiel das MT1/2w um etwa 4,5 cm, zwischen 1890 und 1960 stieg es um etwa 17 cm an, und seit 1960 stabilisiert sich das MT1/2w auch hier. Diese Werte stimmen sehr gut mit der von LASSEN (1989) berechneten MTmw-Entwicklung am Pegel Cuxhaven überein.

Aus dem Vergleich der MThw- und MT1/2w-Kurve für Cuxhaven geht hervor, daß etwa 5 cm des MThw-Anstieges zwischen 1890 und 1989 durch eine Zunahme des Tidenhubes verursacht wurden. Somit bleiben in Cuxhaven etwa 17 cm relativer Meerresspiegelanstieg seit etwa 1890 zu erklären.
Nach GÖRNITZ et al. (1982) verursacht eine Zunahme der mittleren globalen Temperatur um ein Grad Celcius einen um etwa 18 Jahre verzögerten Meeresspiegelanstieg von etwa 16 cm. Tatsächlich hat sich die globale Temperatur zwischen etwa 1870 und 1940 um etwa 0,5°C erhöht (BARTH & TITUS, 1984), was einem Anstieg von 8 cm entspricht. Zwischen 1940 und 1965 ist die mittlere globale Temperatur um etwa 0,2°C gesunken, und seit 1965 steigt sie wieder an. Zwischen Anfang und Ende des Temperaturanstieges (1870, resp. 1940) und dem Anfang und Ende des MTmw-Anstieges (1890, resp. 1960) ergibt sich ein Zeitunterschied von etwa 20 Jahren (siehe auch GÖRNITZ et al, 1982). In Anbetracht dieser Verzögerung müßte der seit 1965 stattfindende Temperaturanstieg (bis 1980 um 0,3°C) zu einem MTmw-Anstieg von etwa 5 cm zwischen 1985 und 2000 führen (wobei der temperaturbedingte Gletscherschwund nicht berücksichtigt wird).
Nach MAISCH (1989) zogen die Gletscher der Schweizer Alpen sich nach dem 1850 AD Höchststand bis etwa 1965 mit Fluktuationen zurück. Diese 1850er-Maximalausdehnung wurde übrigens in verschiedenen Gebieten erst einige Jahre bis Jahrzehnte später erreicht. Seit 1965 zeichnete sich eine ansteigende Vorstoßtendenz ab, die gegenwärtig scheinbar wieder von einem Abschmelztrend abgelöst wird. Somit lassen sich auch die Gletscherfluktuationen der Schweizer Alpen gut mit der MT1/2w-Kurve korrelieren.
Nach THOMAS (1986) ist der globale Meeresspiegelanstieg des letzten Jahrhunderts für etwa 10 bis 15 cm auf das Abschmelzen der Gletscher und auf thermische Ausdehnung der sich aufwärmenden Ozeane zurückzuführen.
Für den restlichen Anstieg von 2 bis 7 cm am Pegel Cuxhaven kann man verschiedene Gründe anführen. Neben tektonischen sowie hydro- bzw. glazial-isostatischen Änderungen können auch Änderungen des Geoids sowie auch lokale ozeanographische, meteorologische und morphologisch-topographische Änderungen dafür verantwortlich sein.

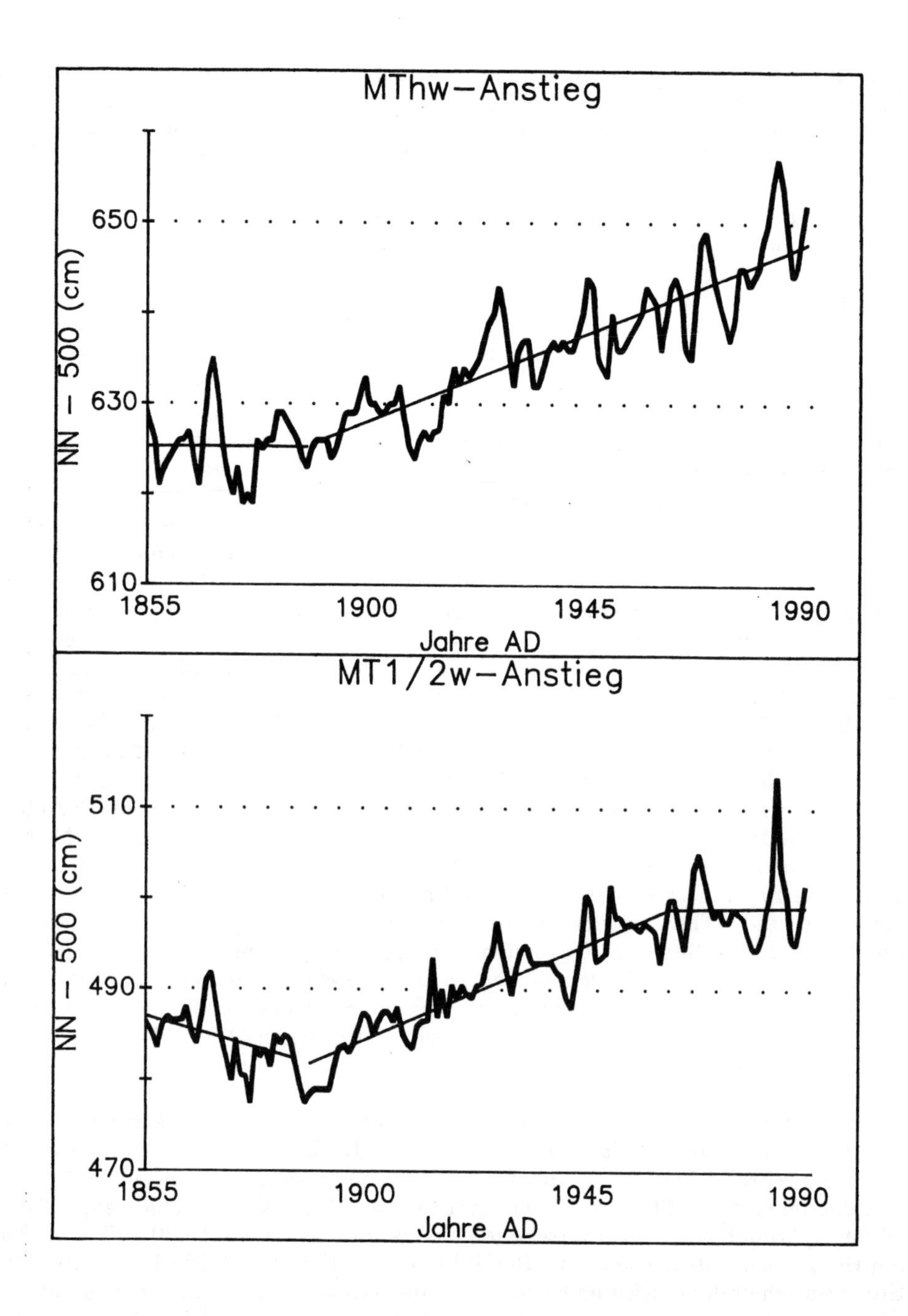

Abb. 4: **Korrigierte dreijährige übergreifende Mittel der MThw (oben) und MT1/2w (unten) für Cuxhaven seit 1855 (Nach SIEFERT & LASSEN, 1985).**

An Hand von Auswertungen mehrerer seit 1855 durchgeführter Nivellements haben LASSEN et al. (1984) versucht zu ermitteln, ob während dieser Periode im Raum Cuxhaven eine tektonische und/oder isostatische (Land)Senkung stattgefunden hat. Die Ergebnisse zeigen, daß eine solche Senkung nicht aufgetreten ist oder innerhalb der Meßgenauigkeit von etwa 2 cm lag.
Das Geoid, d.h., die Ausgleichsfläche des Schwerepotentials, ist nicht gleichmäßig auf der Erde. Durch Unregelmäßigkeiten in der Dichte und der Massenanziehung können über relativ kurze Strecken große Höhenunterschiede auftreten. So zeigt das Geoid beispielsweise zwischen dem Norden und dem Süden der Niederlande einen Unterschied von etwa 1,5 bis 2 m auf (Van WILLIGEN, 1986). Das Geoid ist zudem nicht lagestabil, sondern ändert sich, bedingt durch geophysikalische Prozesse, ständig. NEWMAN et al. (1980) haben für Nordwesteuropa über den Zeitraum von 4.000 bis 2.000 BP einen (nicht unumstrittenen) geoid-bedingten Meeresspiegelanstieg von etwa 1 m berechnet. MÖRNER (1976) erwähnt die Möglichkeit, daß auch kurzfristige Meeresspiegelschwankungen auf geoidale Änderungen zurückzuführen sein können, wofür er aber keine Beweise anführen kann.
Neben regionalen Ursachen können auch lokale Prozesse erhebliche Meeresspiegelschwankungen verursachen. Entlang der dänischen Westküste treten unter Einfluß saisonbedingter meteorologischer und ozeanographischer Verhältnisse bis zu 20 cm große Unterschiede zwischen Frühling- und Herbstwasserständen auf (CHRISTIANSEN et al, 1985). Auch etwas längerfristige Klimaänderungen, wie zum Beispiel die Verlagerung der Zyklonenzugbahnen, haben Einfluß auf das lokale Meeresniveau (LAMB, 1980). Diese Änderungen des Windklimas verursachen sog. Windstaufluktuationen. So schwankte in Esbjerg der Einfluß des Windstaus von 1900 bis 1940 zwischen 11 und 13 cm (DIETRICH, 1954). ROHDE (1977, Abb. 12) zeigte, daß der Windstaueinfluß am Pegel Cuxhaven periodisch schwankt. Maxima wurden um 1840 und 1920/25, Minima um 1875/80 und 1950/55 erreicht. In Abb. 5 sind für die Perioden 1855-1876, 1876-1923, 1923-1953 und 1953-1988 die MThw-Kurven für Cuxhaven und die durch sie berechneten linearen Regressionen dargestellt. Die Ergebnisse deuten auf eine sehr große Übereinstimmung zwischen der Windstau- und MThw-Entwicklung hin. Allerdings raten die geringen Korrelationskoeffizienten der linearen Regressionen dazu, diese Ergebnisse mit Vorsicht zu betrachten. Wenn man trotzdem die seit 1840 auftretenden Windstauschwankungen extrapolieren würde, würde das nächste Maximum um etwa 2000 AD zu erwarten sein; im Hinblick auf den vergangenen sehr stürmischen "Winter" 1989/90 eine durchaus unerfreuliche Voraussicht.

ROHDE hat 1977 eine umfassende Untersuchung über die Wasserstandsentwicklung der letzten 300 Jahre in der Deutschen Bucht publiziert. Zur MThw-Entwicklung schreibt ROHDE: " Aus dem gleich großen Anstieg der höchsten Sturmflutscheitel und des MThw (zwischen etwa 1850 und 1920) wird geschlossen, daß das MThw (parallel zur Sturmflutscheitelentwicklung seit etwa 1570) seit dem 16. Jahrhundert im Mittel 25 cm in 100 Jahren angestiegen ist". Die Daten über die Sturmflutscheitelentwicklung beruhen für die Periode vor 1800 maßgebend auf nur vier überlieferten Sturmfluten (1570, 1634, 1717 und 1756). Nach Meinung des Verfassers kann man deswegen nur statistisch relevante Aussagen über eventuelle Sturmflutscheitelschwankungen seit etwa 1800 machen. Das fast völlige Fehlen

katastrophaler Sturmfluten während des Zeitraumes 1550 bis 1850 (LAMB, 1984; Abb. 2) deutet eher auf einen Tiefstand des Sturmflutscheitels hin.
Aus Abb. 10 in ROHDE (1977) geht hervor, daß der von ihm ermittelte MThw-Anstieg zwischen 1850 und 1880 vor allem auf Pegel Cuxhaven beruht. Es hat sich aber herausgestellt, daß die Wasserstandsangaben am Pegel Cuxhaven vor 1900 fehlerhaft sind (LASSEN et al., 1984; SIEFERT & LASSEN, 1985). Die Angaben müssen demnach von 1855 bis 1875 gleichmäßig von +10 cm auf +1,5 cm, bis 1890 gleichmäßig auf -1,5 cm und bis 1900 gleichmäßig auf -2,7 cm korrigiert werden. Die Abweichung vor 1855 ist unbekannt.

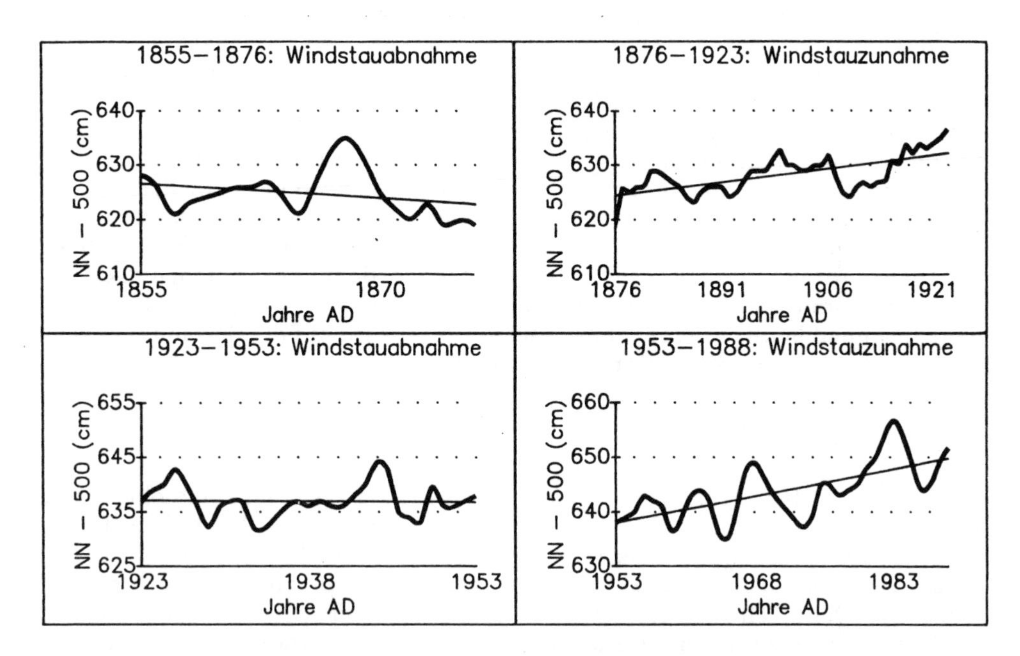

Abb. 5: **Entwicklung des MThw am Pegel Cuxhaven verglichen mit Perioden mit Windstauzu- und -Abnahme nach ROHDE (1977).**

Nach Durchführung dieser Korrektur wird deutlich, daß sich das MThw-Niveau in Cuxhaven zwischen 1855 und 1890 kaum geändert hat (Abb. 4 oben).
In 1985 hat ROHDE eine schematische MThw-Kurve für die letzten zweitausend Jahre veröffentlicht (Abb. 6), die auf geologische und archeologische (0-1500), Sturmflutscheitel- (1500-1850) und Pegeldaten (seit 1850) beruht. Sein mittelalterlicher Höchststand rund 900 liegt nach neueren Erkenntnissen (HANISCH, 1980; STREIFF, 1989) etwa 300 bis 500 Jahre zu früh und ist zudem zu niedrig gehalten. Die von ROHDE ermittelte Absenkung des MThw um etwa 80 cm zwischen 900 und 1500 würde dazu geführt haben müssen, daß große Wattflächen trockenfallen, und ausgedehnte Sandverwehungen entstehen würden. In diesem Zusammenhang sei auf die eemzeitlichen Flugsande in Ostfriesland hingewiesen, die sich hier nach

Trockenlegung des Eemwattes gegen Ende des Eem-Interglaziales bilden konnten (SINDOWSKI, 1973). Tatsächlich gab es zwischen etwa 1500 und 1900 natürliche Sandverwehungen (s.u.), die allerdings zeitlich nicht in die Kurve von ROHDE passen und dabei nur lokal auf den supralitoralen Außensänden auftraten.

Auch LINKE (1979, 1982) hat eine MThw-Kurve bis in die Gegenwart rekonstruiert (Abb. 6). Seiner Meinung nach setzte um 700 AD bei einem MThw-Niveau von -0,5 m NN ein Anstieg ein, der bis heute andauert. Er beruft sich für die Periode von etwa 1600 bis heute auf die MThw-Angaben von ROHDE (1977). Als Indiz für das MThw-Niveau um 1300 führt er die Höhenlage der für den Bau des Neuwerker Leuchtturmes aufgeschütteten Wurt von +4,2 m NN an. Ausgehend von dieser Höhenlage errechnet LINKE (1979) ein MThw um 1300 von +0,2 m NN. An anderer Stelle (1979, s. 62) schreibt LINKE: "Zunächst ergibt sich bei der Analyse der heutigen Uferverhältnisse aus der Lage des MThw (+1,4 m NN) und der des rezenten Sturmflutkliffs (+3,5 m bis 4,2 m NN) für das geologisch wirksame Sturmflutgeschehen ein Betrag von gut 2 Metern". Es erscheint unwahrscheinlich, daß beim Bau des (robusten) Leuchtturmes eine "Sicherheitshöhe" von etwa 2 Metern über dem damaligen Sturmflutscheitel - nach LINKE etwa +2,2 m NN - als notwendig empfunden wurde. Vielmehr deutet die gute Übereinstimmung der Höhenlagen des rezenten Sturmflutkliffs und der Wurt eher auf eine in etwa gleiche Höhe des damaligen und heutigen MThw hin. Schließlich sei noch auf die Erkenntnisse von HANISCH (1980) und STREIF (1989) hingewiesen.

2.1.3 Zusammenfassung

Nach kritischer Bewertung aller vorhandenen Meeresspiegel- und klimatologischen Daten könnte sich die MThw-Entwicklung in der inneren Deutschen Bucht folgenderweise zugetragen haben (Abb. 2). Ein Anstieg von durchschnittlich 23 ± 9 cm/Jh zwischen 600/700 und 1100/1200 kulminierte in einem dem heutigen entsprechenden MThw-Niveau zwischen etwa 1200 und spätestens 1400. Dieser Höchststand wurde von einer Absenkung abgelöst, die bis etwa 1520 andauerte und in etwa 15 bis 20 cm betragen haben dürfte. Zwischen 1520 und 1590 stabilisierte sich das MThw kurzfristig oder stieg um einige cm an. Anschließend fiel es wieder und erreichte um 1650 den kleineiszeitlichen Tiefststand. Während dieser Periode dürfte der MThw-Stand etwa 25 bis 30 cm unter dem heutigen gelegen haben. Zwischen 1700 und 1890 stieg das MThw um etwa 5 cm an, und seit 1890 schließlich steigt es in Cuxhaven um etwa 22 cm/Jh. an.

Der postglaziale Meeresspiegelanstieg in der inneren Deutschen Bucht läßt sich somit dreiteilen. Die erste glazialeustatische Phase von etwa 15.000 bis 5.000 BP wurde maßgebend vom Abschmelzen der Landeiskappen geprägt. Die zweite isostatische Phase wurde von Ausgleichsbewegungen des Landes geprägt. Diese Phase endete in der inneren Deutschen Bucht um 1200 AD und wurde von der dritten thermaleustatischen Phase abgelöst. Während dieser Periode wurden die Meeresspiegelschwankungen maßgeblich von Klimaänderungen geprägt. KLUG (1980) hat den Meeresspiegelanstieg des jüngeren Holozäns im Küstenraum der südwestlichen Ostsee untersucht. Hier erreichte der Meeresspiegel schon um Christi Geburt fast das heutige Ostseeniveau und fiel anschließend. Er schließt daraus: "daß beim Anstieg der Ostsee mit der zeitlichen Annäherung an die Gegenwart die eustatische Komponente immer deutlicher hervortritt, während gleichzeitig die Intensität der isostatischen Landsenkung abklingt". Es ist bemerkenswert, daß der Verlauf der trans- und regressiven Phasen im Küstenraum der südwestlichen Ostsee seit etwa 1000 AD dem der inneren Deutschen Bucht ähnlich ist. Eine transgressive Phase bis etwa 1400 wurde von einer regressiven abgelöst, die bis ins 17. Jh. hineindauerte. Anschließend begann der Meeresspiegel erneut anzusteigen, und seit Mitte des 19. Jh. schließlich erfolgt die jüngste Transgression (KLUG, 1980).

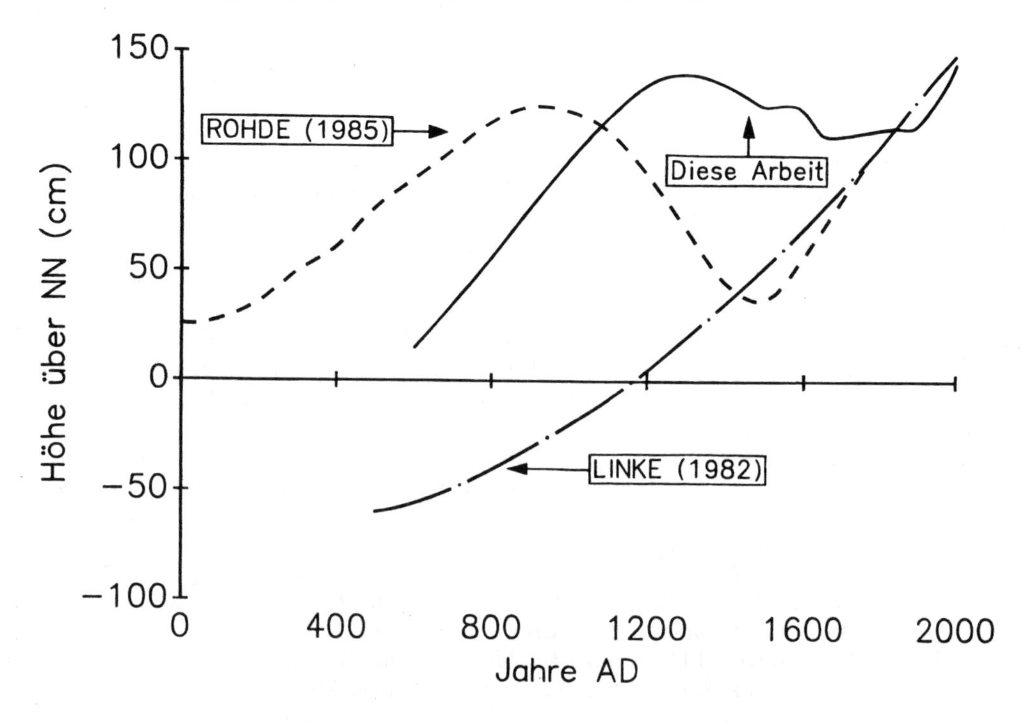

Abb. 6: **Vergleich einiger rezenter MThw-Kurven für die Innere Deutsche Bucht.**

2.2 Verknüpfung der morphologischen Entwicklung der Außensände zwischen Jade und Eider mit der MThw-Kurve.

LANG (1970, 1975) hat umfassende Untersuchungen zur morphologischen Entwicklung des Wattengebietes der inneren Deutschen Bucht seit etwa Mitte des 16. Jahrhunderts durchgeführt, wobei er alle verfügbaren historischen Quellen durchgearbeitet hat. Die nachfolgende Beschreibung basiert zum größten Teil auf seinen erschöpfenden Forschungen.

Die ältesten Außensände und Inseln in der inneren Deutschen Bucht (Abb. 7) werden schon während des Kleinen Optimums zum ersten Mal urkundlich erwähnt (Scharhörn, 1299; Mellum, 1410). Dieses bedeutet, daß schon relativ schnell, nachdem der Meeresspiegel seinen mittelalterlichen Höchststand erreicht hat, die Sände (wieder) auftauchen. Ein MThw-Anstieg von durchschnittlich 23 ± 9 cm/Jh während der vorhergegangenen 4 bis 6 Jahrhunderte wird demnach von einer gleichgroßen Wattaufhöhung kompensiert.
Der Außensand Blauort wird zuerst 1551 urkundlich erwähnt. Um 1590 fällt er nur bei Ebbe trocken. Vor 1752 hat sich eine Sanddüne entwickelt, die allerdings schon um 1784 wieder verschwunden ist.
Die Insel Trischen wird in 1610 zum ersten Mal erwähnt und weist 1721 eine Grünfläche auf. Diese Grünfläche ist wahrscheinlich kurz nach 1735 wieder verschwunden. Um 1845 befinden sich in der Lage Trischens drei hintereinander gestaffelte hochwasserfreie Flächen.
Um 1866 sind jedoch zwei dieser Flächen wieder eingeebnet und bleibt eine Fläche übrig, die schon 1854 kleine Grünflächen und niedrige dünenartige Sandwälle aufweist. Die Insel wird von 1868 bis 1943 durch menschliche Eingriffe beeinflußt. Von 1872 bis 1899 und, nach einer Überflutungsperiode, von 1907 bis 1943 wird Trischen landwirtschaftlich genutzt und bewohnt. Trotz massiver Schutzmaßnahmen muß die Insel 1943 verlassen werden.
Scharhörn wird schon 1299 zum ersten Mal als Gefahr für die Schiffahrt erwähnt. Wann sich zum ersten Mal eine über MThw liegende Plate bildet, ist nicht direkt nachvollziehbar. Schon 1585 wird aber ausdrücklich von einem "Hohem Sand" gesprochen und auf einer Spezialkarte des Amtes Ritzebüttel aus dem Jahre 1594 sind zwei ovale Formen eingezeichnet, die auf über MThw herausragende Sände hindeuten. Die Plate wird seitdem mindestens zweimal (1784 und 1886) überflutet. Die Düne von Scharhörn entsteht zwischen 1927 und 1929 durch Anlage von Sandfangzäunen und Bepflanzungen.
Der Außensand Knechtsand wird 1683 (Meithörn als eventueller Vorläufer des Knechtsandes um 1575) erstmals genannt. Wie auch das benachbarte Mellum (s.u.) unterliegt Knechtsand momentan der Erosion (EHLERS, 1988).
Mellum schließlich wird 1410 zum ersten Mal erwähnt (GÖHREN, 1975). Zwischen 1870 und 1903 bildet sich eine Grünfläche, was nach HOMEIER (1974) möglicherweise auf das Zusammenwachsen einer alten Marschinsel und einer Sandbank zurückzuführen ist.

Die historische Entwicklung der Außensande zwischen Jade und Eider steht somit eindeutig in Zusammenhang mit den Meeresspiegelschwankungen in der inneren Deutschen Bucht (Kap. 2.1). Sandverwehungen, Grünflächen und wirtschaftliche Nutzung sowie Bewohnung treten konzentriert während regressiver Phasen auf. Die transgressiven Perioden dagegen werden von Inselaufgaben, Überflutungen und seit Mitte des letzten Jahrhunderts von Schutzmaßnahmen gekennzeichnet.
In Tab. 1 sind die Verlagerungsgeschwindigkeiten der Außensände aufgelistet, wie sie von verschiedenen Wissenschaftlern erforscht worden sind (HOMEIER, 1969; LANG, 1970; GÖHREN, 1970, 1975; WIELAND, 1972; EHLERS, 1988b). Aus den wenigen Daten der Periode 1550 bis 1850 geht hervor, daß sich die Außensände während dieses Zeitraumes nur geringfügig verlagerten. Seit 1850 aber, und vor

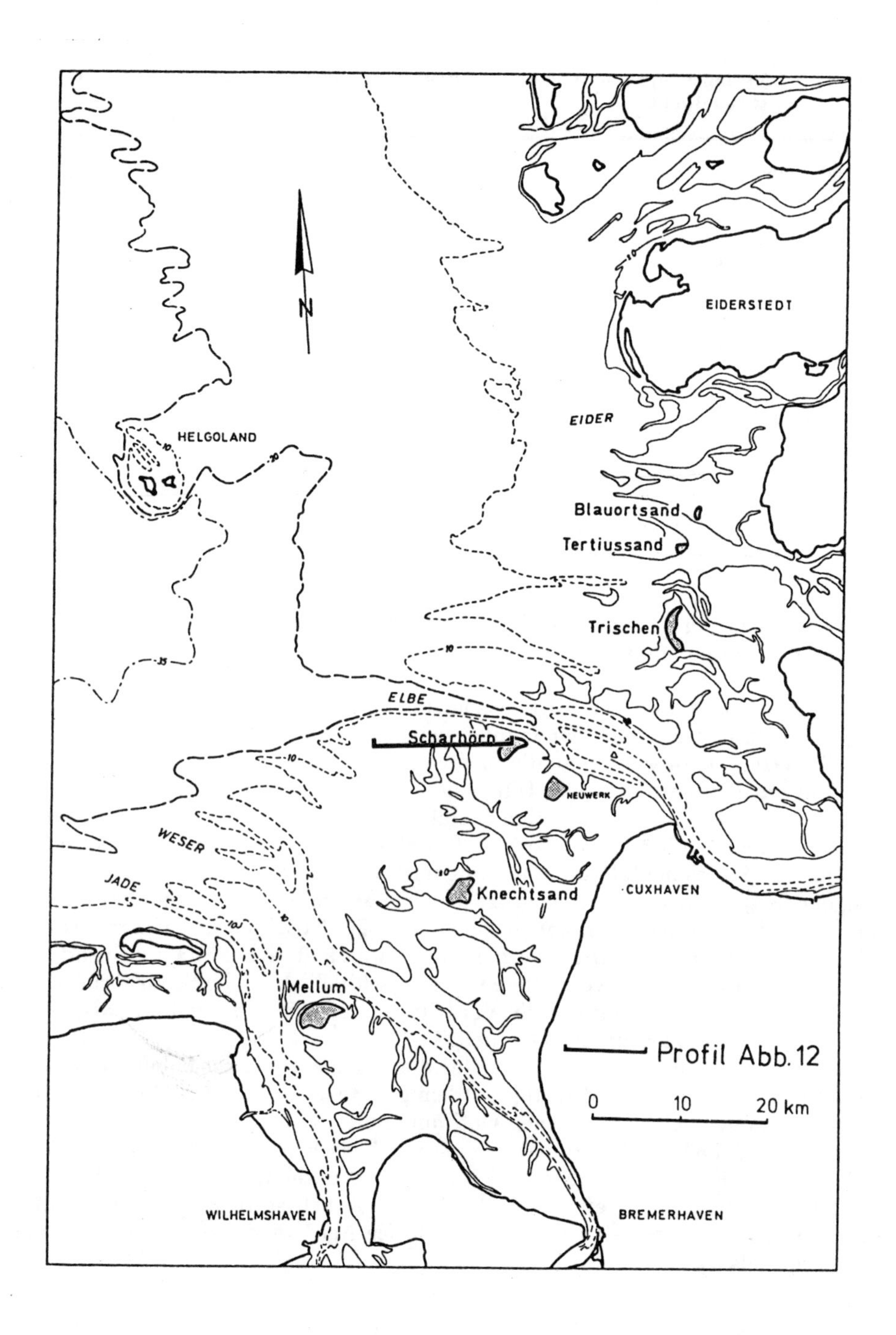

Abb. 7: **Übersichtsplan der Inneren Deutschen Bucht und Lage der Außensände (Nach Göhren, 1975: Abb. 1).**

Tab. 1: Verlagerungsgeschwindigkeit (m/J) der Außensände in der Inneren Deutschen Bucht.

Zeitraum	Blauort	Trischen	Scharhörn	Knechtsand	Mellum
1551-1846	0				
1560-1860			0		
1789-1859				14	
1876-1904	7				
1868-1968			14		
1885-1967		29			
1859-1969				30	
1939-1967	39				
Momentan	35	30	33	30	30

allem während der letzten Dekaden, vertriften die Außensände mit erheblichen Geschwindigkeiten landwärts.

GÖHREN (1975) hat die seit Mitte des letzten Jahrhunderts auftretenden Verlagerungstendenzen der hohen Sandbänke zwischen Jade und Eider untersucht. Er schreibt dazu: "Denn wenn man die Lageveränderungen dieser Größenordnung (10 bis 40 m pro Jahr) auf säkulare Dimensionen extrapoliert, so kommt man zu dem Schluß, daß es sich um sehr flüchtige, instabile Gebilde handeln muß, was im Widerspruch steht zu den bereits sehr frühen Erwähnungen inselartiger Gebilde in etwa den gleichen Positionen". Seiner Meinung nach wird die ostwärtsgerichtete Verdriftung der Sandbänke durch eine periodische Neuentstehung von Sandakkumulationen an ihren seeseitigen Flanken ausgeglichen. GÖHREN hat diesen Prozess westlich von Scharhörn beobachtet, wo zwischen etwa 1950 und 1980 eine Brandungsbank auftauchte, ostwärts verdriftete und sich schließlich an die Scharhörner Plate anschloß. Diese Anlandung hat die Verdriftung der Scharhörner Plate aber nicht verlangsamen oder gar aufheben können.
Es muß demnach eine andere Ursache für die Lagestabilität der hohen Sandbänke bis etwa 1850 und ihre Verdriftung seitdem gefunden werden. Es liegt nahe, diese Erklärung in den seit dem Kleinen Optimum auftretenden MThw-Schwankungen zu suchen. EHLERS (1988b) hat die morphologischen Veränderungen auf der Wattseite der Barriere-Inseln des Wattenmeeres untersucht. Seit Mitte des 19. Jahrhunderts findet hier ein verstärkter Uferabbruch statt, der seiner Meinung nach das Ergebnis des seit Ende der "Little Ice Age" wieder deutlich steigenden Meeresspiegels ist.

2.3 Paläogeographische Entwicklung des Neuwerk/Scharhörner Wattkomplexes.

LINKE (1969, 1970, 1979, 1982) hat sehr detaillierte geologische Untersuchungen im Neuwerk/Scharhörner Wattkomplex durchgeführt. Die wichtigsten Erkentnisse dieser Untersuchungen hinsichtlich der Paläogeographischen Entwicklung des Wattgebietes werden in dem nachfolgenden Absatz wiederholt.

Die pleistozäne Oberfläche im Neuwerk/Scharhörner Wattkomplex liegt zwischen NN (Altenwalder Geest) und -25 m NN unter Scharhörn. Während des Frühholozäns kam es in günstiger Lage zunächst lokal zur Muddebildung. Je nach Ort und Lage entwickelte sich aus der Mudde ein Niedermoor, ein Bruchwald oder ein Übergangsmoor mit starker Tendenz zum Hochmoor. Die Vermoorung endete transgressiv oder erosiv zum Zeitpunkt der marinen Überflutung. Reste dieses sog. Basistorfs findet man flächenhaft nur unter der Scharhörner Plate.
Der Zeitpunkt der holozänen Überflutung läßt sich im Bereich Scharhörn pollenanalytisch genau datieren, da der marine Kontakt hier direkt über einer palynologischen Zeitmarke liegt. Mit dieser Zeitmarke ist die Grenze Boreal/Atlantikum gemeint, die allgemein durch einen starken Alnusanstieg im Pollendiagram gekennzeichnet wird. Sie wird rund 8.000 BP gelegt, obwohl LINKE (1982) im Untersuchungsgebiet anhand von drei C-14 Datierungen ein Alter von 7850 BP ermittelte. Auch in den Niederlanden deuten C-14 Datierungen der Alnus-Zeitmarke auf ein etwas geringeres Alter hin (HOFSTEDE et al., 1989). LINKE (1970, 1979) schließt anhand dieser Datierungen auf ein MThw-Niveau von -24,5 m NN um 7.850 BP. Etwa 6 km nördlich von Wangerooge hat HANISCH (1980) in einer Tiefe von etwa -24 m NN Brackwassersedimente mit Wurzeln und Stengeln von *Phragmites communis* angetroffen, die in einer ruhigen Umgebung, wahrscheinlich hinter einer alten Küstenbarriere (STREIF, 1989), abgelagert worden sind. An Hand von C-14 Datierungen wurde festgestellt, daß das Meeresniveau hier um 7.900 BP bei -24 m NN stand, was gut mit den Ergebnissen von LINKE übereinstimmt. Rund 6.800 BP erreichte der Meereseinfluß bei einen Niveau von etwa -13 m NN den damaligen Fuß der Altenwalder Endmoräne. Zu diesem Zeitpunkt änderten sich die atmosphärisch-hydrographischen Bedingungen in der inneren Deutschen Bucht, wodurch die Sturmflutaktivität stark zunahm. Diese transgressive Phase dauerte mit zwei Unterbrechungen bis etwa 4.500 BP an. Während dieser Periode bildete sich in der Altenwalder Geest ein Sturmflutkliff, wodurch sich die Küstenlinie um etwa 800 m zurückverlagerte. Zwischen 4.500 und 2.500 BP fehlen, mit Ausnahme eines kurzen Zeitabschnittes von 3.500 bis 3.300 BP, Anzeigen für Sturmflutaktivität. Es konnte sich vor der Altenwalder Geest ein Moor bilden, was auf eine regressive Phase schließen läßt. Zwischen 2500 und Christi Geburt erhöhte sich die Sturmflutaktivität erneut, was dazu führte, daß das Moor teilweise erodiert wurde und sich ein zweites Sturmflutkliff in der Geest einschnitt.
Anhand dieser Daten und der Literatur rekonstruierte LINKE (1982: Abb. 13) eine MThw-Kurve für das Holozän. Aus dieser Kurve geht u.a. hervor, daß sich das MThw zwischen 4.500 und 1.500 BP um etwa 2 m oder 6,7 cm/Jh erhöhte. Das während dieser Periode stattfindende Wechseln zwischen transgressiven und regressiven Phasen wurde seiner Meinung nach maßgeblich durch Änderungen in der

Sturmflutaktivität, bzw. Änderungen in den atmosphärisch-hydrographischen Rahmenbedingungen verursacht.

Die holozänen marinen Ablagerungen des Neuwerk/Scharhörner Wattkomplexes liegen im Feinsandbereich und haben einen sehr hohen Sortierungsgrad (LINKE, 1970). Der Sandkörper ist sehr homogen ausgebildet, was darauf hindeutet, daß er unter konstanten Bedingungen entstanden ist. Die Feinsände werden nur sporadisch von bis zu einigen Dezimeter mächtigen Kleischichten unterbrochen.

Die Oberflächensedimente liegen ebenfalls überwiegend im Feinsandbereich zwischen 100 und 170 µm (LINKE; 1970: Abb. 26). Trotzdem ist eine räumliche Differenzierung der mittleren Korngrößen im Wattkomplex erkennbar, die von verschiedenen Mechanismen verursacht wird.
Im Brandungsbereich westlich von Scharhörn (Scharhörnriff) verläuft die Bewegung des Wassers zunehmend asymmetrisch (Abb. 8), d.h. die maximale Orbitalgeschwindigkeit U_{max} zur Küste hin nimmt im Vergleich zur U_{max} in Richtung See zu. Folglich können gröbere Sandpartikel nur noch Richtung Küste transportiert werden. Dies induziert eine Zunahme der mittleren Korngröße im oberen Brandungsbereich.
Die Zunahme westlich von Scharhörn wird von einer generellen Abnahme der mittleren Korngröße von der See zur Küste überlagert. Diese Abnahme läßt sich anhand des sog. "settling-lag"-Modell von POSTMA (1967) erklären. Zwischen dem Unterschreiten der kritischen Erosionsgeschwindigkeit vkrit und der Sedimentation eines Partikels vergeht noch einige Zeit, in der das Teilchen durch die Wassersäule absinkt. Da feinere Partikel längere Zeit benötigen um sich aus der Wasserkolumne abzusetzen, wird dieser Mechanismus dazu führen, daß die feineren Partikel länger in Suspension bleiben und somit weiter transportiert werden können als die gröberen. Bei einer symmetrischen Tide führt dieser Prozeß während der Flutphase zu einer räumlichen Differenzierung zur Küste hin und während der Ebbephase zu einer solchen in Richtung See.
Die dritte räumliche Differenzierung ist Strömungsbedingt. In den tieferen Tiderinnen liegen die Strömunggeschwindigkeiten fast kontinuierlich über die v_{krit} für feinere Sandpartikel, wodurch diese hier kaum sedimentieren können, bzw während der nächsten Tidephase gleich wieder erodiert werden. Hierdurch sind die mittleren Korngrößen in den Tiderinnen bedeutend höher als auf dem eigentlichen Watt.

Eine Abweichung von der sedimentologischen Homogenität des holozänen Sedimentkörpers findet man unterhalb der Scharhörner Plate in einer Tiefe von etwa -5 m NN. LINKE (1969) hat nachgewiesen, daß hier flächenhaft ein Knick in der Korngröße auftritt und zwar von feinsandigen zu mittelsandigen Sedimenten. Dieser Übergang deutet darauf hin, daß sich die prägenden hydrodynamischen Prozesse geändert haben müssen. Die Korngrößenverteilung unterhalb des -5 m-Niveaus entspricht einem von Tideströmungen geprägten Sediment, während die Verteilung oberhalb -5 m NN auf Brandungsprozesse hindeutet (GÖHREN, 1970). LINKE (1969) kam auf Grund dieser Ergebnisse zu dem Schluß, daß die Scharhörner Plate schon seit etwa 3.500 bis 4.000 Jahren existiert. GÖHREN (1975) konnte keine Erklärung für den charakteristischen Sprung der Korngrößenverteilung geben, verwarf jedoch die von LINKE postulierte Hypothese vor allem auf Grund der

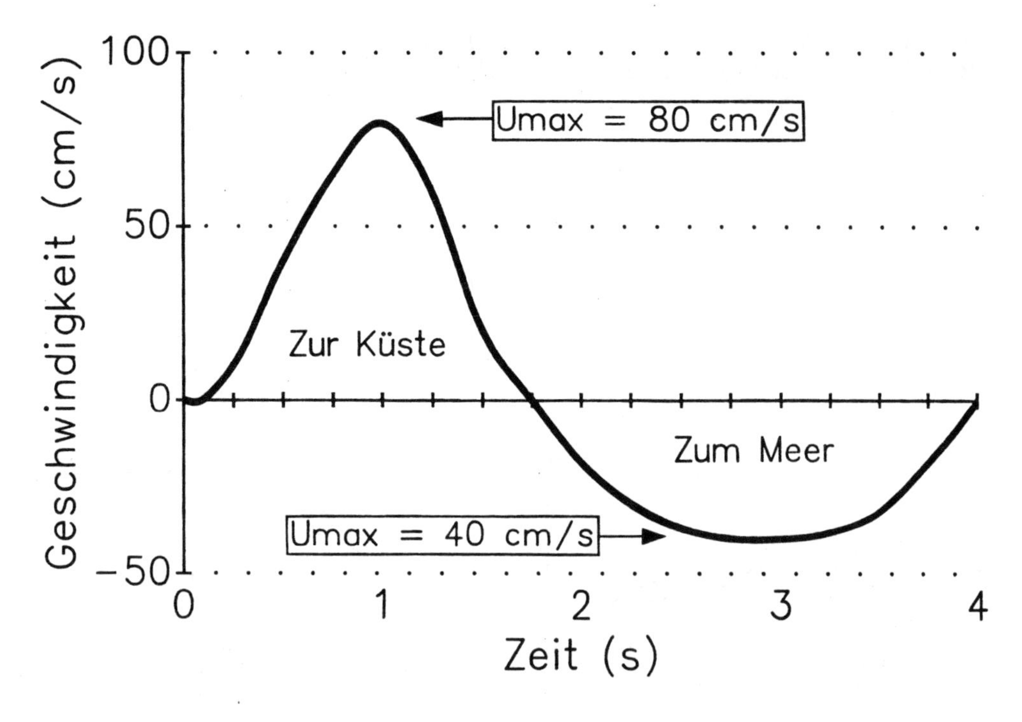

Abb. 8: Orbitalgeschwindigkeit einer Welle im Brandungsbereich.

Ergebnisse von LANG (1970). Nach LANG lag zwischen 1560 und 1610 die breite nach Westen gerichtete Mündung der Hundebalje südwestlich von Scharhörn (Abb. 9a). Rund 1710 lag sie ± 3 km weiter nordöstlich zwischen Scharhörn und Neuwerk (Abb. 9b), wodurch die Hundebalje während des 17. Jahrhunderts zwingend die Scharhörner Plate umgelagert haben müßte. Dieses würde aber bedeuten, daß unterhalb Scharhörn sog. Prielablagerungen vorhanden sein müßten. Nach LINKE (mündl. Mitt.) sind keine entsprechenden Sedimente angetroffen worden. Seit etwa 1700 hat sich nach LANG (1970) die Lage der Plate stabilisiert. Sogar die sich nordwärts verlagernde Ostertill (das damalige Seegat zwischen Knechtsand und Scharhörn) war nicht imstande, die Plate zu erodieren und verlandete zwischen 1850 und 1900 südwestlich von Scharhörn (Abb. 9c, 9d). Dabei entstand eine sehr ähnliche Lage wie rund 1610, wobei die Ostertill die Stelle der damaligen Hundebalje eingenommen hatte. Es wäre demnach also auch möglich, daß die Hundebalje des 16. Jh. ein Vorläufer der Ostertill darstellte, wie auch die Ostertill ein Vorläufer der heutigen Nordertill war, und während des 17. Jh. südwestlich der Scharhörner Plate verlandete. Seitdem benutzt man den Namen "Hundebalje" für den Priel zwischen Scharhörn und Neuwerk, der sich vielleicht in dieser Periode vergrößert, und somit für die Schiffahrt an Bedeutung gewonnen hatte. Auch LANG (1970) deutet in diesem Zusammenhang auf die stark wechselnde Namensführung in den alten Chroniken hin. Durch die Verlandung der Hundebalje konnte sich die sog. "Neue"

Scharhörner Plate an die "alte" Scharhörner Plate anschließen, ähnlich wie sich der Wittsand zwischen 1850 und 1900 mit der Scharhörner Plate verband.

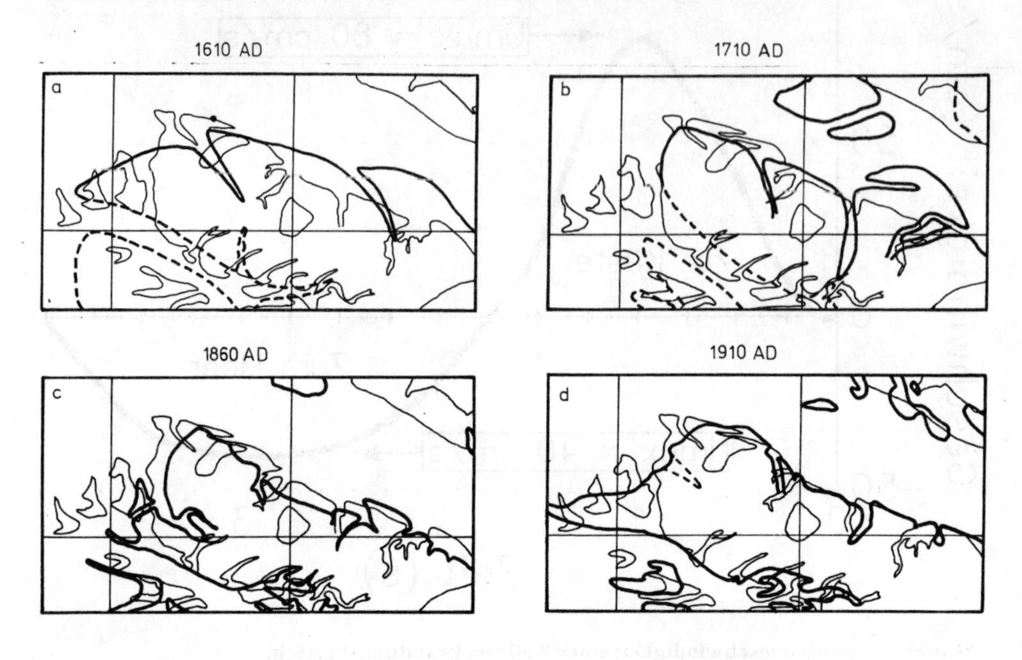

Abb. 9: Paläogeographische Karten des Neuwerk/Scharhörner Wattkomplexes um 1610, 1710, 1860 und 1910 (Nach LANG, 1970).

Es gibt auch hydrodynamische Gründe, die es wahrscheinlich machen, daß die Hundebalje des 16. Jh. ein Seegat darstellte, das gerade verlandete. Die Gesamtphysiographie des nord- und ostfriesischen Wattenmeeres läßt sich als durch Seegaten voneinander getrennte Barriereinseln mit dahinterliegenden Wattgebieten charakterisieren. Jedes Seegat dient dabei als "Be- und Entwässerungsrinne" eines Watteinzugsgebietes. In der inneren Deutschen Bucht fehlen die Barriereinseln wegen des zu großen Tidehubes. Hier wird das Watt seeseitig durch eine Reihe über MThw aufragende, meist vegetationslose Außensände begrenzt. Die Hundebalje des 16. Jahrhunderts hat somit zwingend als Seegat zwischen Knechtsand und der Scharhörner Plate funktioniert und zusammen mit der Elbe den Neuwerk/Scharhörner Wattkomplex be- und entwässert. Es soll dabei berücksichtigt werden, daß die Rolle der Hundebalje rund 1600 schon weitgehend von der Ostertill übernommen worden war, ähnlich wie die (damalige) Westertill die Funktion der Ostertill um 1850 übernommen hatte. Eine ähnliche zyklische Entwicklung der Seegaten kann überall entlang der niederländisch/deutsch/dänischen Wattenmeerküste beobachtet werden (u.a. EHLERS, 1988a).

Es stellt sich die Frage, warum die alte Hundebalje und die Ostertill südwestlich der Scharhörner Plate verlandeten.
In diesem Zusammenhang soll auf eine Untersuchung von SHA (1989) hingewiesen werden. Sie zeigte, daß die Orientierung der Mündungen der West- und Ostfriesischen Seegate abhängig ist vom Verhältnis zwischen Seegangsintensität und Tidevolumen des jeweiligen Seegats. Eine Dominanz des Seeganges induziert eine vom Trifstrom geprägte ostwärtsgerichtete Orientierung, eine Dominanz des Tidevolumens dagegen eine Ebbeorientierung, d.h., eine westwärtsgerichtete Ablenkung der Seegatmündung. Die Grenze zwischen seegangsbedingter Ostablenkung und tidebedingter Westablenkung der Seegaten liegt nach SHA (1989) für die West- und Ostfriesischen Inseln etwa bei einem Tidevolumen von 180 Mio m^3. Nach SIEFERT (1976) beträgt das Tidevolumen der Elbe nördlich von Scharhörn etwa 930 Mio m^3. Konsequenterweise unterliegt die Elb-Mündung einer ebbeorientierten Ablenkung. Dabei "stößt" sie westlich von Scharhörn gegen die Südflanke des pleistozänen Elb-Urstromtales, die hier wegen der großen Wassertiefe der Elbe (über -20 m NN) ausstreicht (siehe auch LINKE, 1970, Abb 18). Diese Flanke besteht aus verfestigten glazialen Sanden, die sich nur schwer erodieren lassen, wodurch die Lage der Südflanke der heutigen Elb-Mündung westlich von Scharhörn (schon seit Jahrhunderten) festgelegt ist.
Die Ostertill dagegen hat ein Tidevolumen von etwa 154 Mio m^3, wodurch ihre Mündung sich unter Einfluß der vom Seegang verursachten Triftströmung (nord)ostwärts gerichtet verlagert. Während dieser Verlagerung verliert das Seegat zunehmend seine Funktion als "Hauptbe- und Entwässerungsrinne" des lagegebundenen Watteinzugsgebietes, d.h. die Tidewassermengen nehmen ab. Da der Durchflußquerschnitt einer Tiderinne nach RODLOFF (1970) und RENGER (1976) direkt abhängig ist vom Tidevolumen, wird Sedimentation auftreten. Dieser Prozess wird sich immer weiter verstärken, wodurch das Seegat schließlich verlandet.

Nach LINKE (1969) müssen sich die prägenden Rahmenbedingungen im Raum Scharhörn geändert haben als der Meeresspiegel ein Niveau von -5 m NN erreicht hatte. Dieser Meeresspiegelstand wurde nach BEHRE (1987a, b) etwa um 4.500 BP erreicht. Nach KÖHN (1990) wird die Periode zwischen 4.500 und 4.000 BP in der inneren Deutschen Bucht durch eine Regression gekennzeichnet, wobei sich der sog. "mittlere Torf" bilden konnte. Es wäre demnach denkbar, daß zwischen etwa 7.800 BP (Anfang der Überflutung bei Scharhörn) und 4500 BP der Meeresspiegelanstieg bzw. die Sturmflutaktivität zu stark war, als daß sich ein Außensand stabilisieren konnte. Um etwa 4.500 BP nahm der Meerespiegelanstieg bzw. die Sturmflutaktivität dann so weit ab, daß sich bei Scharhörn ein lagestabiler Außensand entwickeln konnte. Das Zurückweichen der Küste endete bei Scharhörn somit rund 4.500 BP, ähnlich wie an der Westküste der Niederlande rund 5.000 BP (JELGERSMA et al., 1970).

3 DIE HYDRODYNAMIK DES NEUWERK / SCHARHÖRNER WATTKOMPLEXES

3.1 Vorbemerkungen

Die Materialumlagerungen im Wattengebiet werden durch viele, einander überlagernde Strömungskomponenten verursacht. Erstens existiert die durch die Gezeitenschwingung der Nordsee verursachte und von der Topographie des Flachwasserbereiches geprägte Tideströmung. Da diese Strömungskomponente durch planetarische Bewegungen verursacht wird, ist sie, unter der Voraussetzung einfacher topographischer Randbedingungen, modellmäßig gut zu erfassen. Die Tideströmung wird aber von den windbedingten Trift-, Orbital- und Brandungsströmungskomponenten überlagert. Da diese komplexen aperiodischen Prozesse modellmäßig oder anhand hydrodynamischer Differentialgleichungen quantitativ bisher nicht zu erfassen sind, basiert die Beschreibung der hydrologischen Verhältnisse im Neuwerk/Scharhörner Wattkomplex auf den von GÖHREN (1968, 1969) und SIEFERT (1974) durch Naturmessungen gesammelten Daten und Erkentnissen. Die Arbeiten von GÖHREN konzentrierten sich vor allem auf die Erfassung der Tide- und Triftströmungen, während SIEFERT das Seegangsklima vor und auf dem Wattkomplex untersuchte.

3.2 Das Tideregime

Der Meeresspiegel unterliegt periodischen Schwankungen, variierend von halbtäglich bis jährlich oder noch länger, die meistens durch Änderungen in der Lage der Erde, Sonne und des Mondes zueinander verursacht werden. Die wichtigste dieser Schwingungen ist die sog. Hauptmondtide M_2, die im Neuwerk/Scharhörner Wattkomplex etwa zweimal täglich zu Höhenänderungen des Wasserspiegels von etwa 300 cm führt.
Die zeitliche Differenz von 50 min. zwischen der M_2- und S_2-Tide (Hauptsonnentide) verursacht alle 14,8 Tage eine Spring- bzw. eine Nipptide. Nach GÖHREN (1968) war von 1951 bis 1960 der Tidenhub im Neuwerk/Scharhörner Wattkomplex zur Springzeit durchschnittlich um 34 cm größer, zur Nippzeit um 42 cm kleiner als der damalige mittlere Tidenhub von 285 cm. Die mittlere Tidewassermenge der Ostertill beträgt nach SIEFERT (1976) etwa 154 Mio. m^3. Somit strömt zur Springzeit pro Tidephase etwa 41 Mio. m^3 oder 24% mehr Wasser durch den Durchflußquerschnitt der Ostertill als zur Nippzeit, was zu etwa 27,5% höheren kennzeichnenden Strömungsgeschwindigkeiten vkenn (s.u.) während der Springtide führt.
Labor-, sowie Naturuntersuchungen an Flüssen haben gezeigt, daß sich der Durchflußquerschnitt eines Flusses dem größten Durchfluß angleicht (u.a. LEOPOLD & MADDOCK, 1953). Somit müßten die von u.a. RODLOFF (1970) und RENGER (1976) ermittelten Beziehungen zwischen dem Durchflußquerschnitt der Tiderinnen und dem mittleren Tidehub konsequenterweise für den mittleren Springtidehub korrigiert werden.
Der Verlauf der Tidehubkurve am Pegel Cuxhaven seit 1855 zeigt eine Schwingung mit einer Periode von etwa 18,6 Jahren (Abb. 10). Diese Periodizität wird durch

kleine Variationen in der Neigung der Mondumlaufbahn verursacht. Die Amplitude dieser Tidenhubschwingung beträgt in Cuxhaven durchschnittlich 15 cm oder 5% des MThb. Dies entspricht einer Fluktation des Tidewasservolumens der Ostertill um etwa 7,5 Mio. m^3.

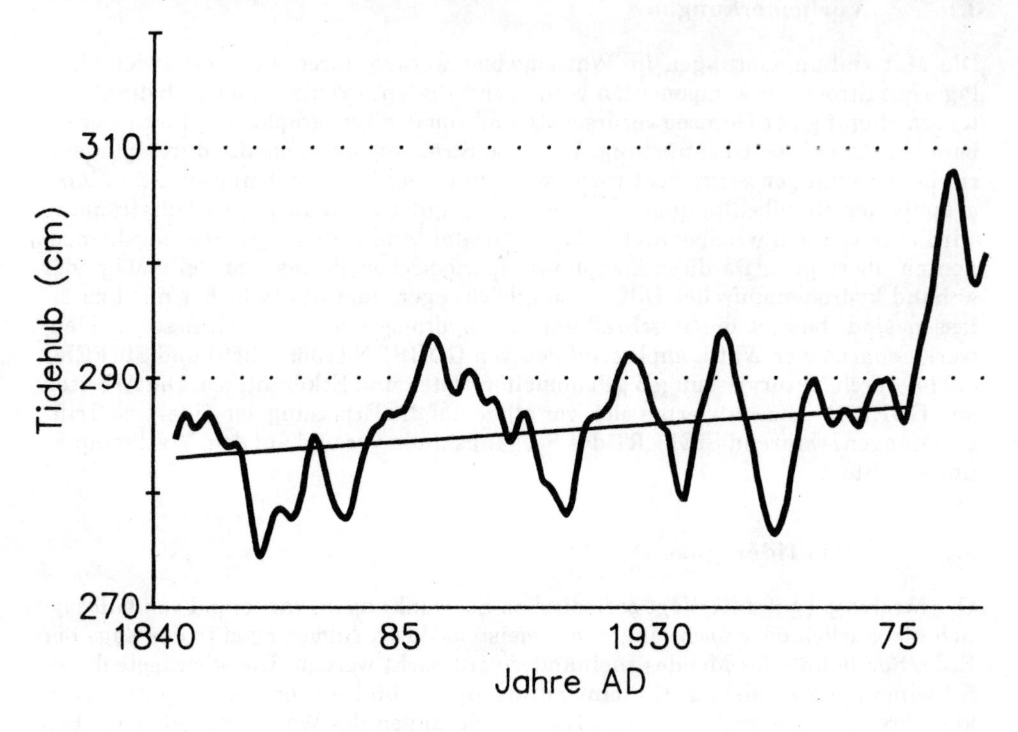

Abb. 10: Dreijährige übergreifende Mittel des MThb für Cuxhaven seit 1844.

Aus Abb. 10 geht hervor, daß die zyklische Tidenhubschwingung Anfang der siebziger Jahre unterbrochen wurde, wobei sich der MThb von etwa 285 auf 300 cm erhöhte. Die Ursachen für diese aperiodische Änderung sind noch weitgehend ungeklärt. Da diese Änderung an mehreren Küstenpegeln auftritt, kann die Ursache nicht lokal bedingt sein. SIEFERT (1982) erwähnt die Möglichkeit, daß die Tidenhubzunahme kausal mit einer Veränderung bzw. Verlagerung der Amphidromie in der südlichen Nordsee zusammenhängt. Es leuchtet ein, daß die Zunahme des Tidevolumens vor allem in den Tiderinnen zu stärkeren morphologischen Änderungen führen kann (siehe auch Kap. 4.4.3).

Zwischen 1963 und 1967 wurde im Elbmündungsgebiet im Rahmen des Hafenbauvorhabens ein umfangreiches Strömungsmeßprogramm duchgeführt. GÖHREN (1969) hat 236 dieser Dauerstrommessungen mit durchschnittlich 14-tägigen Registrierzeiten ausgewertet. Aus jeder Dauermessung wurden folgende Parameter errechnet:

- die maximalen Flut- und Ebbestromgeschwindigkeiten (v_{fmax} und v_{emax} (cm/s)) und die dazugehörigen Richtungen;
- Flut- und Ebbestromvektoren (V_f und V_e) als vektorielle Integrale über die Flut- und Ebbestromzeiten (km/Tide);
- Reststromvektor SV_n als vektorielles Integral über die Strömung einer vollen Tidephase (km/Tide).

Zu diesen Parametern schreibt GÖHREN (1969): "Die Herausstellung der Maximalgeschwindigkeiten entspricht ihrer Bedeutung im Hinblick auf den Feststofftransport, der bekanntlich mit einer höheren Potenz der Strömungsgeschwindigkeit wächst. Die Flut- und Ebbestromvektoren drücken die mittlere Strömungsintensität innerhalb der Flut- und Ebbestromphase und den mittleren Richtungsverlauf aus und bilden somit eine notwendige Ergänzung zu den Vektoren der Maximalgeschwindigkeiten. Der Reststromvektor ist insbesondere ein wertvolles Hilfsmittel bei der Beschreibung von Strömungen, die durch starke Richtungsschwankungen im Verlauf der Tide gekennzeichnet sind. Solche Strömungen sind für das Wattenmeer und auch das vorgelagerte Flachseegebiet geradezu typisch".

Anhand seiner Auswertungen gelangte GÖHREN zu folgender hydrodynamischer Charakterisierung des Wattkomplexes.
Das Scharhörnriff wird durch eine rechtsgerichtete Drehströmung, wobei keine Stromkenterung auftritt, gekennzeichnet. Insgesamt wird der Bereich vom Flutstrom dominiert, wobei maximale Strömungsgeschwindigkeiten zwischen 40 und 60 cm/s und Flutstromvektoren von 4 bis 8 km/Tide erreicht werden.
Das flache (intertidale) Außenwatt westlich von Scharhörn unterliegt ebenfalls, je nach Überflutungsdauer, einer mehr oder weniger ausgebildeten Drehströmung. Das Außenwatt wird, wie das Riff, von der Flutströmung dominiert, wobei die maximalen Strömungsgeschwindigkeiten zwischen 20 und 40 cm/s, die Flutstromvektoren zwischen 2 und 4 km/Tide liegen.
Das höherliegende Watt zwischen Scharhörn und der Küste wird von einem südwärtsgerichteten Reststrom gekennzeichnet, der durch die größere Steigungsgeschwindigkeit des Wassers im Neuwerker Fahrwasser verursacht wird. Hierdurch entwickelt sich 3 bis 1 Stunde vor örtlichem Thw ein kräftiges, südlich gerichtetes Quergefälle. Konsequenterweise dominiert hier der Flutstrom, wobei die maximalen Strömungsgeschwindigkeiten unter 40 cm/s, die Flutstromvektoren unter 4 km/Tide liegen.
Westlich von Scharhörn unterliegt die Südflanke der Elbe einer starken Flutstromdominanz. Die Strömungsgeschwindigkeiten erreichen hier Maximalwerte bis 120 cm/s und die Flutstromvektoren liegen zwischen 12 und 14 km/Tide. Östlich von Scharhörn fächert sich der Flutstrom in drei Teilrinnen auf, wobei erhebliche Wassermengen in das Neuwerker Fahrwasser ziehen und anschließend teilweise südwärts auf und über das Neuwerker Watt zum Bakenloch fließen und teilweise über den Leitdamm wieder in den Hauptstrom der Elbe gelangen.
Das Tillgebiet hat GÖHREN in Stromrinnen und V-förmige Sandbänke unterteilt. Die Sandbänke werden von Flutstromdivergenz und Ebbestromkonvergenz geprägt.

Die maximalen Strömungsgeschwindigkeiten liegen meist zwischen 20 und 60 cm/s und die Flut- bzw. Ebbestromvektoren zwischen 4 und 8 km/Tide. An einigen Meßstellen jedoch wurden während der Ebbephase Geschwindigkeiten über 100 cm/s, sowie Ebbestromvektoren über 8 km/Tide ermittelt. Die Stromrinnen lassen sich eindeutig in Flut- und Ebberinnen untergliedern, wobei maximale Strömungsgeschwindigkeiten über 100 cm/s, sowie Flut- bzw. Ebbestromvektoren über 12 km/ Tide gemessen wurden.

Bei 60 bis 70% aller Meßstationen überwiegt der Flutstrom, was GÖHREN (1969) vor allem auf "Verstärkung des Flutstromes in den tieferen Wasserschichten durch den Dichteeffekt" zurückführt. Weiterhin konnte er statistisch einen Zusammenhang zwischen Tidenhub und Strömungsgeschwindigkeit belegen. Eine Zunahme des Tidenhubes induziert eine Zunahme der Strömungsgeschwindigkeit, wobei in Flutrinnen der Flutstrom und in Ebberinnen der Ebbestrom stärker ansteigt. Dies bedeutet, daß mit zunehmendem Tidenhub die Ebbe- und Flutrinnen stärker ausgeprägt werden. Da die durch die Coriolisbeschleunigung verursachte Rechtsablenkung ebenfalls proportional mit der Strömungsgeschwindigkeit zunimmt, kann dies als weiterer Hinweis dafür dienen, daß die Coriolisbeschleunigung kausal mit der Entwicklung von Flut- und Ebberinnen zusammenhängt.

GÖHREN (1971) hat einen in den Literatur häufiger genannten Ansatz

$$(v_{max} - v_{krit}) * v_{max}^3 \qquad (3.1)$$

zur Ermittlung der Transportintensität der 236 Dauerstrommessungen herangezogen. In diesem Ansatz steht v_{krit} (cm/s) für die kritische Transportgeschwindigkeit des Wasserkörpers. Spätestens seit HJULSTRÖM (1939) ist nämlich bekannt, daß Material erst dann in Bewegung kommen kann, wenn die Strömungsgeschwindigkeit des Transportmediums eine bestimmte, der Korngröße des Materials entsprechende Grenzgeschwindigkeit, überschreitet. Neben Korngröße haben auch andere Faktoren wie Kohäsion und biologische Stabilisierung des Bodens Einfluß auf die Größe der v_{krit}.

Anhand folgenden Beispiels soll erläutert werden, daß nicht nur v_{max}, sondern auch vmit, sowie die Periode mit $v > v_{krit}$, bestimmend sind für die Transportintensität des Wasserkörpers (Abb. 11). Drei Dauerstrommeßstationen X, Y und Z weisen eine v_{max} von 70 cm/s auf. An den Stationen X und Y wird v_{max} etwa 10 min. lang erreicht, an Station Z jedoch etwa 90 min. Es leuchtet ein, daß die Transportintensität pro Tide bei Z viel größer sein wird als an den Stationen X und Y. An Station X wird v_{krit} etwa 40 min., bei Y 130 und bei Z 150 min. überschritten. Somit wird die Transportintensität bei Y bedeutend über der bei X liegen. Insgesamt wird aus Abb. 11 deutlich, daß die Transportkapazität an Station Z am höchsten, am Station X am niedrigsten sein wird.

Aufgrund dieser theoretischen Überlegungen wird im folgenden anstelle v_{max} die sog. kennzeichnende Strömungsgeschwindigkeit

$$v_{kenn} = \sqrt{(v_{max} * v_{mit})} \text{ (cm/s)} \qquad (3.2)$$

genommen, wobei für die Ermittlung von v_{mit} nur die Periode berücksichtigt wurde, in der v_{krit} überschritten wurde. Aus den Diagramm von HJULSTRÖM (1939) ist zu entnehmen, daß Sand mit einer Korngröße von etwa 150 µ aufgenommen werden kann, wenn die Geschwindigkeit des Wasserkörpers 20 cm/s überschreitet. Daher wurde v_{krit} für den sandigen Neuwerk/Scharhörner Wattkomplex auf 20 cm/s geschätzt. Es soll allerdings daraufhingewiesen werden, daß vkrit in Abhängigkeit von u.a. Besiedlung und Sedimenthaushalt lokal stark von diesem "Minimum"-Wert abweichen kann.
Die v_{mit} wurde folgenderweise ermittelt (Abb. 11). Die von den Strömungsgeschwindigkeitsganglinien oberhalb v_{krit} umschlossene Fläche wurde mit Hilfe eines digitalen Planimeters (Kontron MOP 02) ermittelt. Die Fläche wurde maßstabsgetreu durch die Zeitspanne, in der die Geschwindigkeit über 20 cm/s lag, dividiert. Die Fehlerqoute des Planimeters lag bei der Flächenmessung unter 1% (DAMMSCHNEIDER, 1983).

Anschließend wurde v_{kenn} (cm/s) multipliziert mit der Periode t (s) in der v_{krit} pro Tidephase überschritten wird. Der resultierende Wert (cm) ist somit ein Parameter für die potentielle tidebedingte Transportkapazität T_{pot} (m) des Wasserkörpers pro Tidephase.

$$T_{pot} = V_{kenn} * t/100 \quad (m) \qquad (3.3)$$

Er entspricht der mittleren maximalen Strecke, die ein Teilchen während einer Tidephase zurücklegen kann.
Es sollen allerdings folgende Faktoren berücksichtigt werden. DAMMSCHNEIDER (1988) hat anhand von Videoaufnahmen an der Gewässersohle nachweisen können, daß der Wasserkörper hier nicht regelmäßig, sondern "pulsartig" fließt. Innerhalb kurzer Zeitintervalle von nur wenigen Sekunden variiert die Strömung erheblich. Dies bedeutet, daß auch die Aufhebung des Materials nicht gleichmäßig beim Überschreiten des v_{krit}, sondern pulsartig auftreten wird. Ein zweiter Faktor liegt darin, daß ein Teilchen auch bei Unterschreiten des entsprechenden v_{krit} noch längere Zeit in Suspension bleiben kann, wodurch die Transportstrecke sich erheblich verlängern kann. Schließlich wird die Transportgeschwindigkeit des Teilchen wahrscheinlich geringer sein als die des Wasserkörpers.

Insgesamt wurden 195 Dauerstrommesungen aus den Jahren 1963 bis 1966 auf diese Weise ausgewertet. Es zeigt sich, daß sich der Wattkomplex anhand T_{pot} in Teilbereichen untergliedern läßt (Tab. 2). Der Priel- und der Rinnenbereich ließen sich nicht eindeutig in Flut- bzw. Ebbstromrinnen untergliedern, wodurch es hier nicht angebracht war, T_{pot} für die Flut- bzw Ebbphase getrennt zu ermitteln. In Anlehnung an die internationale Strandprofilterminologie (REINECK & SINGH, 1980) wurde das Gebiet westlich der Scharhörner Plate in ein Foreshore, ein Shoreface und eine Transition Zone unterteilt (Abb. 12). Aus Tab. 2 geht hervor, daß diese Dreiteilung auch für die Tideströmung zutrifft.

Auf dem Hohen Watt überhalb NN liegt T_{pot} unter 500 m, wobei die Einzelwerte zwischen 0 und 1.000 m schwanken. Dies bedeutet, daß hier während ruhiger Wetterlagen wegen der langen Stauwasserzeiten Sedimentation überwiegen wird. Dies

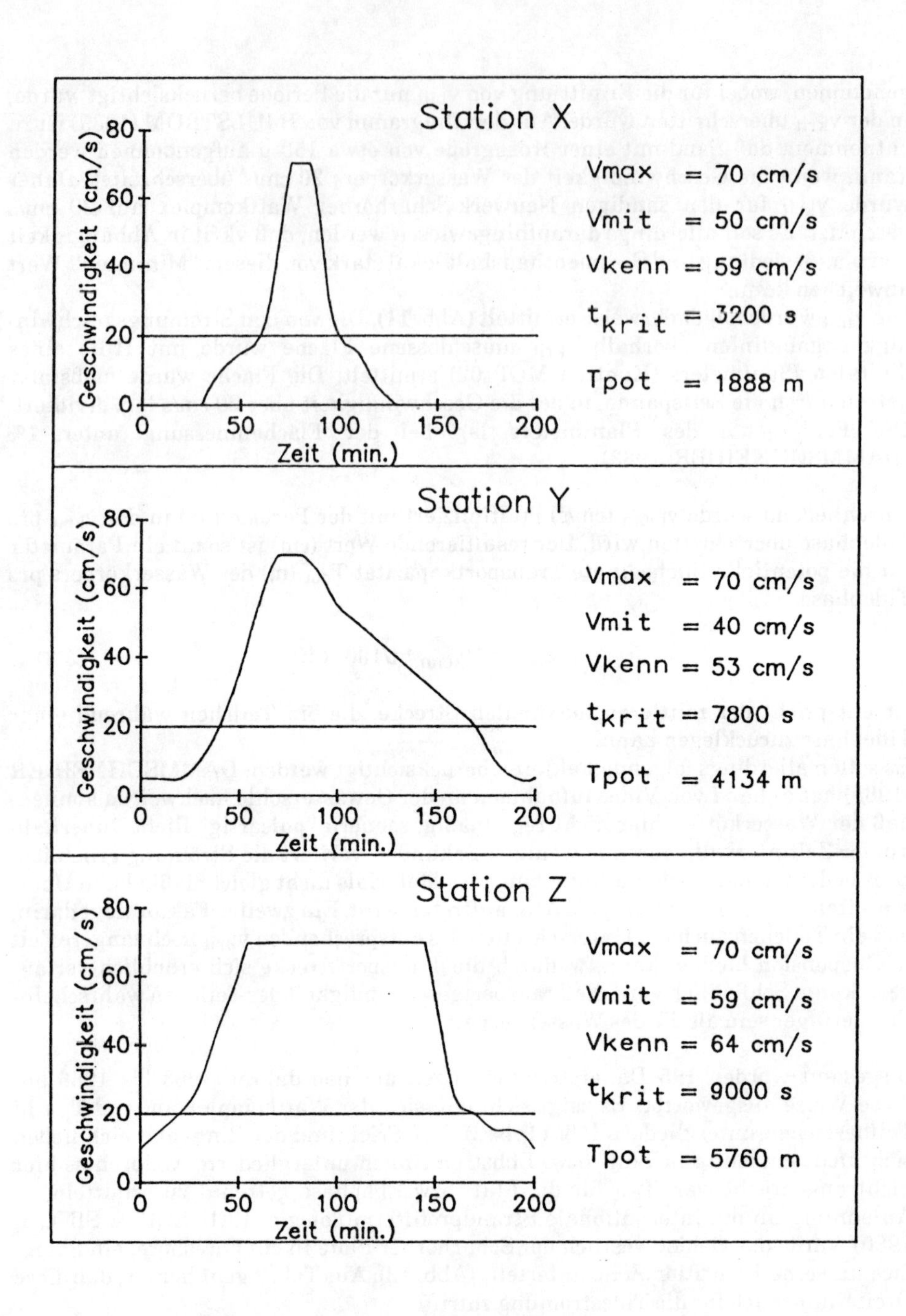

Abb. 11: Berechnung der potentiellen Transportkapazität T_{pot} für die drei fiktiven Meßstationen X, Y und Z.

ist anhand vieler Untersuchungen (u.a. GÖHREN, 1968; REINECK, 1975; REINECK & SIEFERT, 1980) zweifelsfrei nachgewiesen worden. Allerdings wird mit zunehmender Höhenlage des Wattes die Sedimentation abnehmen, da die Überflutungsdauer bzw. der Schwebstoffanfall geringer wird.
Auch im Foreshore liegen die T_{pot}-Werte um 500 m. Unter Vernachlässigung der Seegangseinwirkung müßte also auch hier während ruhiger Wetterlagen Sedimentation vorherrschen. Da der Schwebstoffanfall auch hier in den niedrigen Bereichen am stärksten sein wird, müßte dies zu einer Abnahme der Böschungsneigung führen (siehe auch Kap. 3.5).

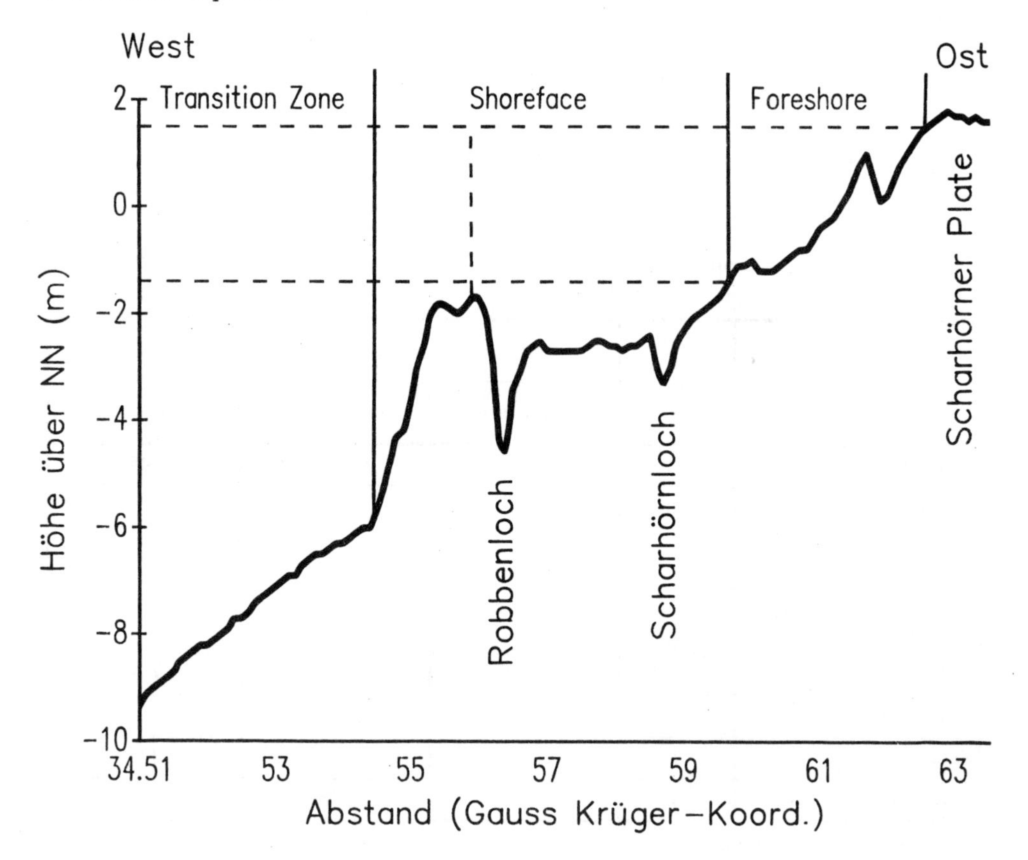

Abb. 12: Einteilung des Scharhörnriffes anhand der internationalen Strandprofilterminologie. Die genaue Lage des Profils ist in Abb. 7 dargestellt.

Sehr hohe T_{pot} werden erwartungsgemäß im Rinnenbereich aber auch in der Transition Zone unterhalb der Wellenbasis angetroffen. In beiden Bereichen schwanken die Werte zwischen 5.000 und 12.000 m.

Eine mittlere Stellung nehmen der Shoreface (2.000 bis 4.500 m) und der Prielbereich (800 bis 5.000 m) ein.
Die einzelnen Werte belegen den allmähligen Anstieg der T_{pot} vom Hohen Watt über den Prielbereich bis in den Rinnenbereich, wodurch eine klare Grenzziehung zwischen diesen Bereichen kaum möglich ist. Es ist daher besser, von fließenden Übergangszonen zu sprechen.
In der Elb-Mündung wurden drei Meßstationen entlang der Nordflanke des Scharhörnriffes, sowie drei Stationen entlang der Südflanke des Vogelsandes ausgewertet. Die Ergebnisse belegen eindeutig die Flutstromdominanz nördlich des Riffes, sowie die ausgeprägte Ebbstromdominanz direkt südlich des Vogelsandes. Die sehr großen Unterschiede zwischen Flut- und Ebb-T_{pot} führen zwingend zu großen Materialexporten. Die Südflanke des Vogelsandes unterlag denn auch starken Erosionen (GÖHREN, 1970), wobei das Material konsequenterweise seewärts verfrachtet wurde. Die Nordflanke des Riffes dagegen, unterlag kaum größeren Abtragungen. Dies bedeutet, daß hier ein unabhängiger Materialimport existiert haben muß (siehe Kap. 4.4.5).

Tab. 2: Untergliederung des Neuwerk/Scharhörner Wattkomplexes in Teilbereiche unterschiedlicher potentieller Transportkapazität T_{pot}.

Teilbereich	n *	T_{pot} (m)		
		Tidephase	Ebbephase	Flutphase
Hohes Watt	82		310	450
Prielbereich	22	2040		
Rinnenbereich	44	7070		
Elbmündung:				
- Flutstromfaden	3		5260	10940
- Ebbstromfaden	3		17550	7510
Transition Zone	12		7050	7830
Shoreface	7		2920	3270
Foreshore	22		480	630

n * = Anzahl der Meßstationen

3.3 Die Triftströmungen

Triftströmungen werden durch den an der Wasseroberfläche wirkenden Windschub erzeugt. Sie können in unmittelbar von dem Windschub induzierte windorientierte primäre Triftströmungen und in die aus Kontinuitätsgründen erforderlichen Ausgleichsströmungen unterteilt werden, die der in Windrichtung verlaufenden primären Triftströmung etwa entgegengesetzt sein müssen.

Die Dauerstrommessungen im Neuwerk/Scharhörner Wattkomplex (GÖHREN, 1968, 1969) haben gezeigt, daß auf dem Hohen Watt und im Foreshore bei Starkwind- und Sturmflutwetterlagen windorientierte primäre Triftströmungen auftreten. Die durch den Windstau hervorgerufenen sekundären Triftströmungen konzentrieren sich dagegen auf die tieferen Wasserschichten in den Wattprielen und Tiderinnen, wobei sie sich zwingend nach der Topographie orientieren.
Der Einfluß des (auflandigen) Windes auf die Strömungsgeschwindigkeit setzt etwa bei Windstärke 6 ein. Bei 8 Bft. erreicht der Triftstromvektor SV_w auf dem Hohen Watt und im Foreshore schon Werte von 10 km/Tide und mehr. Auch die v_{max} nehmen hier deutlich zu. Bei mittlerer Tide liegen sie noch um 30 bis 40 cm/s, bei Sturmfluten oft über 80 cm/s. Die höchste v_{max} wurde mit 156 cm/s westlich von Neuwerk beobachtet. GÖHREN (1968) hat allerdings zu recht daraufhingewiesen, daß die Beobachtungen sehr heterogen sind und die Streuung der Einzelwerte entsprechend groß ist, wodurch sich keine mathematischen Beziehungen zwischen Windstärke und Strömungsparameter herausarbeiten lassen.
Während einer Sturmflut wird nicht nur v_{max} viel höher ausfallen, sondern wird auch v_{krit} meist ständig überschritten werden. Somit werden die Tpot sehr stark ansteigen. Anhand der wenigen vorhandenen Meßdaten ließe sich für eine Sturmflut eine T_{pot}(Trift) für das Hohe Watt von etwa 6.000 bis 8.000 m abschätzen, die die T_{pot}(Tide) bei ruhigem Wetter fast um das 20fache übertrifft. Während einer Sturmflut werden auf dem Watt zusätzlich verstärkt Orbitalströmungen auftreten (s.u.), die transportfördernd wirken, indem sie das Material aufwirbeln. Nach REINECK (1976) können Sturmfluten auf dem Hohen Watt Erosionen bis 20 cm hervorrufen. Allerdings erfolgt meistens schon während und/oder unmittelbar nach der Sturmflut eine Sedimentation, die örtlich bis zu 19 cm erreichen kann. Göhren (1969) hat ermittelt, daß bei einer schweren Sturmflut aus dem WSW-Sektor etwa 1.200 Mio. m^3 Wasser nach Nordosten über den Neuwerk/Scharhörner Wattkomplex fließen. Zum Vergleich: das mittlere Tidewasservolumen der Elbe nördlich von Scharhörn beträgt etwa 900 Mio. m^3, daß der Ostertill 154 Mio. m^3 (SIEFERT, 1976).

Im Bezug auf die resultierenden Materialumlagerungen auf dem Hohen Watt schließt GÖHREN (1969) denn auch: "daß auf den ausgedehnten hohen Wattflächen nicht die normale Tideströmung, sondern die Triftströmung für die resultierende Materialbewegung von primärer Bedeutung ist". Die Höhenlage des Wattes entspricht somit einer Grenzhöhe zwischen Erosion durch Seegang und Triftströmung und Sedimentation bei ruhigem Wetter (Abb. 13).

3.4 Das Seegangsklima

Die durch den Seegang verursachten Orbital- und Brandungsströmungen sind die dritte überlagernde Komponente, die Materialumlagerungen im Watt verursachen können. Die seegangsbedingten Umlagerungen werden sich bei ruhigen Wetterlagen vor allem westlich der Scharhörner Plate konzentrieren, da hier der primäre, von der Nordsee einkommende, Seegang seine Energie abgibt. Nur durch die Seega-

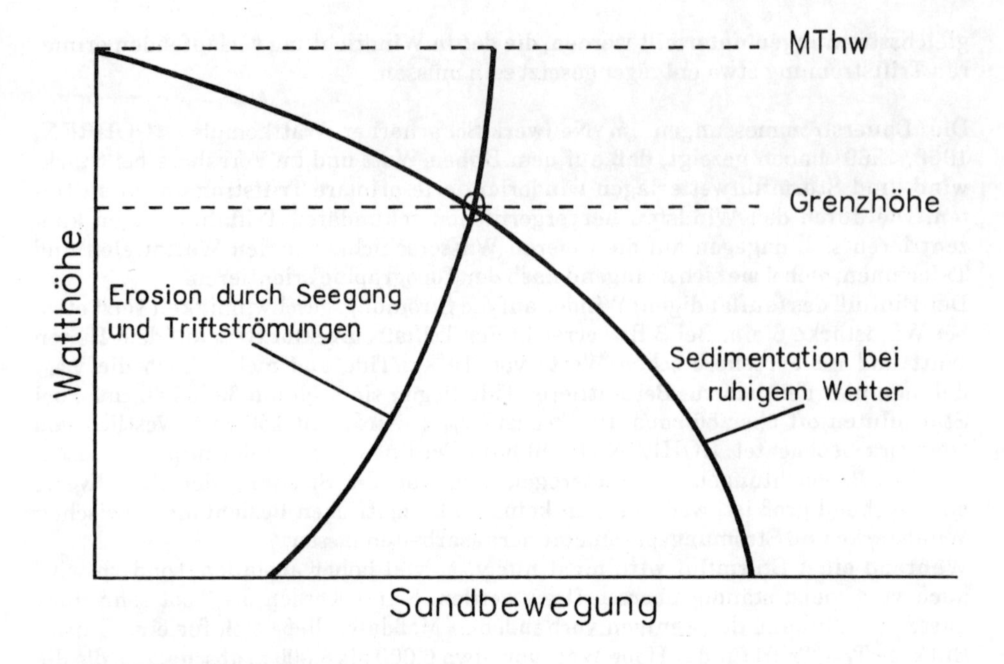

Abb. 13: **Einfluß des Wetters auf die Höhenänderungen im Watt (Nach GÖHREN, 1968: Abb. 81).**

ten und Ästuarmündungen kann primärer Seegang weiter auf das Watt gelangen. Der Seegang läßt sich anhand der Parameter Wellenhöhe H (m), Wellenlänge L (m) und Wellenperiode T (s) beschreiben.

Die Berechnung der "verfügbaren" Seegangsenergie einer Welle ist anhand der sog. linearen Wellentheorie relativ einfach. Nach AIRY-LAPLACE ist die Seegangsenergie E* (J) je Kammlängeneinheit

$$E* = 0{,}125\ \delta w\ g\ L\ H2 \qquad (3.4)$$

Der Leistungsdurchgang (W) je Kammlängeneinheit ist

$$N = 0{,}125\ \delta w\ g\ L\ H2/T \qquad (3.5)$$

und somit abhängig von der Wellengeschwindigkeit c. Hier ergibt sich allerdings eine Komplikation (PETHICK, 1984; NIEMEYER, 1986). Die Energie in einer Wellengruppe bewegt sich nämlich nicht so schnell wie die Energie einer einzelnen Welle dieser Gruppe. Es zeigt sich, daß einzelne Wellen sich im tiefen Wasser zweimal so schnell bewegen wie die Wellengruppe, was nach NIEMEYER (1983) zu Fehlern in der Berechnung des Leistungsdurchganges von 400% führen kann.

Im Offshore, wo die Wellen keine "Grundberührung" haben, wird die Energie der Wellen durch Windschub zunehmen bis ein Gleichgewicht zwischen Windstärke und Welle erreicht ist. Bei einer bestimmten Wassertiefe (Wellenbasis) erreichen die Wellenbewegungen aber die Sohle, wonach eine sehr komplizierte energetische Interaktion zwischen Sohle und Wellen ("wave shoaling") anfängt, die schließlich mit dem Brechen der Wellen endet. Die Wellenbasis wird im Allgemeinen bei einer Wassertiefe von d/L = 0,5 gelegt. Nach CARTER (1988) fängt aber die wirkliche Interaktion zwischen Welle und Sohle erst bei einer Wassertiefe von d/L = 0,25 an. Dieser Punkt wird morphologisch oft durch einen Knick im Strandprofil angedeutet und stellt die Grenze zwischen Transition Zone und Shoreface dar (REINECK & SINGH, 1980). Westlich von Scharhörn liegt dieser Knick bei etwa -6 m NN (Abb. 12).

Nach AIRY LAPLACE gilt für die Fortschrittsgeschwindigkeit c einer Welle:

$$c = \sqrt{(g\, L/2\pi\ \mathit{Tan}[2\pi d/L])} \qquad (3.6).$$

Dies bedeutet, daß c mit abnehmender Wassertiefe d abnimmt, wodurch kinetische Energie zu potentieller Energie transferiert wird und die Wellenhöhe zunimmt. Dieser Prozess heißt "Attenuation" ("Verdünnung") und kann dazu führen, daß die Brecherhöhe einer Welle bis zu zweimal so groß wird als die entsprechende Tiefwasserhöhe. Zu gleicher Zeit aber verliert die Welle durch Bodenreibung, Wellenzerfall, Perkolation, Brandung und Materialumlagerungen Energie, wodurch die Wellenhöhe abnimmt. Der Energieverlust pro Oberflächeneinheit ist proportional zur Scherbeanspruchung und abhängig von der Rauhigkeit an der Sohle (CARTER, 1988).

Wie oben bereits erwähnt wurde, ist es trotz großen internationalen Forschungsaufwandes bisher noch nicht gelungen, die komplexen energetischen Vorgänge, die während des "wave shoaling" auftreten, mathematisch zu beschreiben. Für die Quantifizierung der küstenwärtigen Entwicklung der Wellenparameter greift man deswegen immer noch auf Naturmessungen zurück.

Nach SIEFERT (1974) läßt sich die Beziehung zwischen Wellenlänge und -Periode in der Deutschen Bucht annäherungsweise mit der Gleichung

$$L = T^2 \qquad (3.7)$$

beschreiben, wodurch sich Gl (3.5) unter Berücksichtigung der natürlichen Seegangsverhält-nisse im Flachwassergebiet zu

$$N = 1{,}23\, H_{1/3}{}^2\, TH_{1/3} \qquad (3.8)$$

pro Meter Querschnittsbreite vereinfachen läßt. Es hat sich herausgestellt, daß sich bei normalen Wetterbedingungen der Energiehaushalt eines natürlichen Wellenspektrums durch $H_{1/3}$, d.h. die mittlere Wellenhöhe des höchsten Drittels aller Wellen, kennzeichnen läßt.

Weiterhin hat SIEFERT (1974) den Neuwerk/Scharhörner Wattkomplex anhand umfassender Seegangsmessungen in sechs Teilbereiche gleicher Seegangscharakteristik eingeteilt, wobei er für jeden Teilbereich Beziehungen zwischen Wellenhöhe und -Periode, sowie zwischen Wellenhöhe und Wassertiefe (bis etwa 6 m Wassertiefe) ermittelte. Für die vorliegende Arbeit sind vor allem die Teilbereiche Randwatt (Shoreface), Brandungswatt (Foreshore) und brandungsfreies Watt (inklusive Prielsysteme) von Interesse:

Shoreface: $0\,m < d(SKN) < 4{,}5\,m$

$$H_{1/3} = 0{,}74d^{0{,}6} \quad (3.9)$$

$$TH_{1/3} = 2{,}8H_{1/3} + 2{,}1 \quad (3.10)$$

Foreshore: $-3\,m < d(SKN) < 0\,m$

$$H_{1/3} = 0{,}71d^{0{,}6} \quad (3.11)$$

$$TH_{1/3} = 2{,}85H_{1/3} + 3{,}2 \quad (3.12)$$

Hohes Watt und Prielbereich: $-3\,m < d(SKN) < 4{,}5\,m$

$$H_{1/3} = 0{,}55d^{0{,}6} \quad (3.13)$$

$$TH_{1/3} = 2{,}2H_{1/3} + 2{,}1 \quad (3.14)$$

Somit ist es möglich, den Leistungsdurchgang in Abhängigkeit von der Wassertiefe zu ermitteln (Abb. 14).

Es stellt sich heraus, daß der Wattkomplex sich eindeutig in zwei Gebiete unterschiedlicher Seegangsenergiehaushalte unterteilen läßt. Westlich von Scharhörn, im Foreshore und Shoreface, wird der primäre Seegang umgewandelt. Auf dem eigentlichen Watt ist bei Normalwetterlage nur der lokal erzeugte (sekundäre) Seegang wirksam, wodurch der Energiereichtum hier viel geringer ist.
Trotz der unterschiedlichen Entwicklung der Wellenparameter Wellenhöhe und -periode im Shoreface und im Foreshore ist der berechnete Leistungsdurchgang fast gleich. Diese Ähnlichkeit ist durch das Energiespektrum bedingt, das in beiden Bereichen (primärer einkommender Seegang) gleich ist.

In Abb. 14 wurde die Abnahme des Leistungsdurchganges mit linear abnehmender Wassertiefe dargestellt. Es ist aber auch möglich die Entwicklung des Leistungsdurchganges entlang eines West-Ostprofils auf dem Scharhörnriff zu ermitteln. In Abb. 15 ist diese Entwicklung um MTnw, um NN und um MThw dargestellt.
Somit ist hier für das entsprechende Profil über dem Scharhörnriff die Seegangsenergieabnahme pro Meter dargestellt. Diese Abnahme läßt sich in Anlehnung an FÜHRBÖTER (1974) in Leistungsabgabe pro Flächeneinheit (W/ha) umrechnen (Abb. 16). In Tab. 3 ist die Leistungsabgabe für den Shoreface und Foreshore getrennt dargestellt.
Bei Normalwetterlage wird um Niedrigwasser fast alle Seegangsenergie im äußeren Bereich des Shoreface (Äußere Breaker Zone) umgewandelt. Während der Flutphase gelangt zunehmend mehr Energie in den inneren Bereich des Shoreface (Wave Reformation Zone). Wegen der sehr geringen Böschungsneigung findet aber in dieser Zone kaum Brandung statt. Somit erreicht fast alle Seegangsenergie, die an der Äußeren Breaker Zone vorbeigelangt, die Foreshore. Über die Tide gemittelt

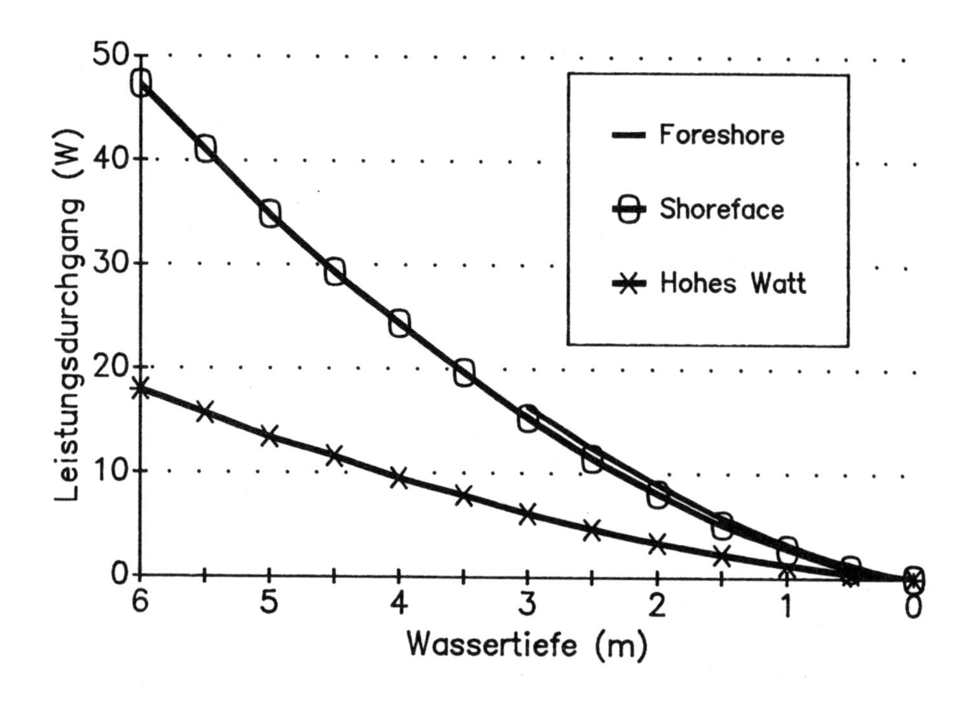

Abb. 14: **Entwicklung des Leistungsdurchganges mit abnehmender Wassertiefe.**

finden etwa 83% der Seegangsenergieumwandlung (Brandung) in der schmalen Äußeren Breaker Zone und 17% im Foreshore statt. Nach CARTER (1988) kann etwa 78 bis 99% der primären Seegangsenergie auf den sog. sublitoralen "Nearshore Bars" umgewandelt werden. Nach NIEMEYER (1986) wird im Norderneyer Seegat etwa 70 bis 92% des einkommenden Seeganges auf den Platen des Riffbogens umgewandelt.

Für den Küstenschutz ist es nicht so sehr von Interesse, was während der Normalwetterlagen passiert, sondern vielmehr die Quantifizierung der energetischen Vorgänge während der Sturmflutwetterlagen. Auch hier bietet das oben beschriebene Verfahren erste Anhaltspunkte. Eine Sturmflut unterscheidet sich im Grunde durch überhöhte Wasserstände (Windstau) und Wellenhöhen von einer Normalwetterlage. Nach PICKRILL (1983) entspricht die kennzeichnende Wellenhöhe einer Sturmflut in etwa $H_{0,9}$, d.h. eine Wellenhöhe, die nur noch von 10% der Wellen überschritten wird. In Abb. 17 ist die Leistungsabgabe pro ha für MThw + 2 und MThw + 3 m dargestellt. In Tab. 3 sind die Gesamtwerte für den Shoreface und Foreshore, sowie auch für die Scharhörner Plate, getrennt aufgelistet.
Es soll allerdings berücksichtigt werden, daß die überhöhten Sturmflutwellen schon unterhalb 6 m Wassertiefe "Kontakt" mit der Sohle bekommen werden. SIEFERT (1974) hat die Beziehungen zwischen Wellenhöhe und Wassertiefe leider nur bis zu

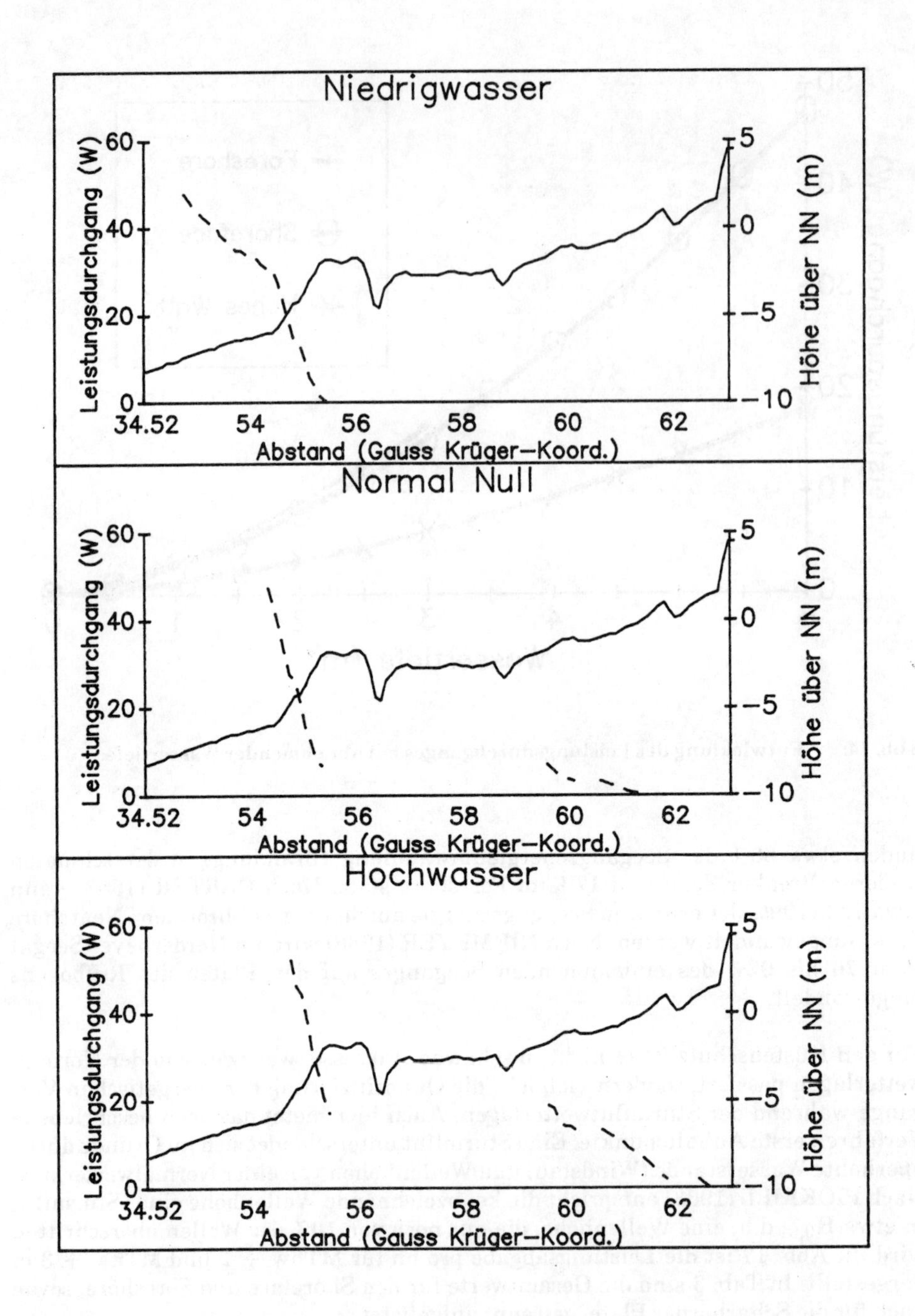

Abb. 15: **Abnahme des Leistungsdurchganges im Scharhörnriff bei Niedrigwasser (oben), bei Normal Null (mitten) und bei Hochwasser (unten). Profillage siehe Abb. 7.**

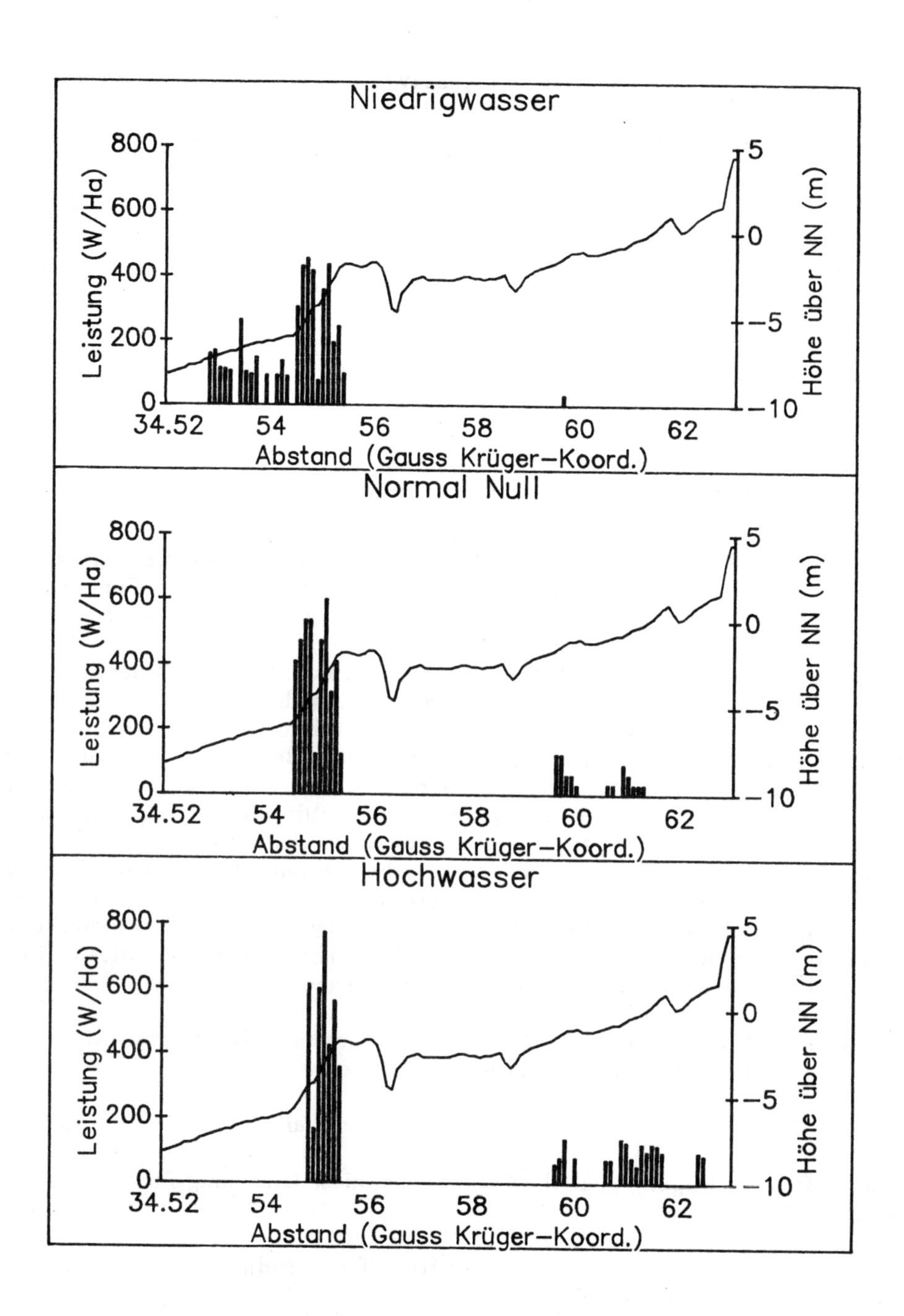

Abb. 16: **Leistungsabgabe im Scharhörnriff bei Niedrigwasser (oben), bei Normal Null (mitten) und bei Hochwasser (unten). Profillage siehe Abb. 7.**

Tab. 3: **Seegangsbedingte Leistungsabgabe (W) auf dem Scharhörnriff, sowie auf der Scharhörner Plate während Sturmfluten.**

Wasserstand		Äußerer Breaker Zone	(pro ha)	Foreshore	(pro ha)	Scharhörner Plate
MTnw	($H_{1/3}$)	4760	(207)	40	(40)	0
NN	($H_{1/3}$)	4030	(403)	730	(61)	0
MThw	($H_{1/3}$)	3520	(503)	1750	(103)	0
Tidemittel		4100	(315)	840	(84)	0
MThw + 2 m	($H_{1/10}$)	1660	(830)	5090	(255)	1180
MThw + 3 m	($H_{1/10}$)	--	--	5110	(256)	2440

einer Wassertiefe von etwa 6 m ermitteln können, wodurch die Seegangsenergieumwandlung unterhalb dieser Grenze nicht berücksichtigt werden kann. Für die unten angestellten Überlegungen wurde deswegen die Energie einer Welle bei d = 6 m auf 100% angenommen.
Bei einem Wasserstand von MThw + 2 m werden nur noch etwa 20% der Seegangsenergie in der Äußeren Breaker Zone umgewandelt. Etwa 80% der Energie erreichen jetzt der Foreshore, und etwa 16% gelangen schließlich auf die durchschnittlich 1 bis 2 dm über MThw liegende Scharhörner Plate. Bei einem Windstau von 3 m erreicht sogar alle Seegangsenergie der Foreshore und gelangen etwa 32% bis auf die Scharhörner Plate. Somit wird während einer Sturmflut mit 3 m Windstau in dem über MThw liegenden Strandbereich direkt westlich der Düneninsel Scharhörn etwa die Hälfte der Energie umgewandelt, die während Normalwetterlagen im gesamten Scharhörnriff (entlang dem entsprechenden Profilquerschnitt) umgewandelt wird. Durch diese enorme Energieabgabe im oberen Strandbereich direkt vor Scharhörn werden logischerweise sehr große Mengen Sand mobilisiert, die unmittelbar von der Triftströmung abtransportiert werden können.

Nach KOMAR & MILLER (1973) läßt sich die maximale Orbitalgeschwindigkeit U_{max} (cm/s)einer Welle an der Sohle folgenderweise ermitteln.

$$U_{max} = \pi H /(T\, sind[2\pi d/L] \qquad (3.15)$$

Unter Berücksichtigung von Gl. (3.7) läßt sich diese Gleichung für die Deutsche Bucht zu

$$U_{max} = \pi H_{1/3} /(T\, sind[2\pi d]) \qquad (3.16)$$

umschreiben.

In Abb. 18 ist dargestellt, wie sich U_{max} in den Teilbereichen Shoreface, Foreshore und auf dem Hohen Watt mit abnehmender Wassertiefe ändert.

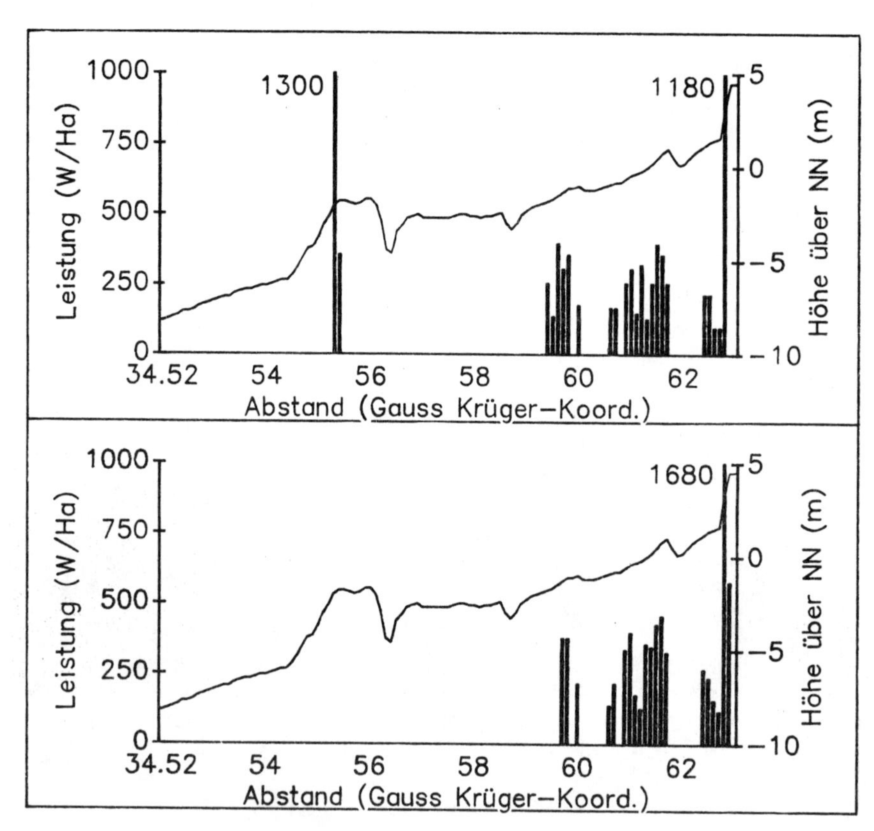

Abb. 17: **Leistungsabgabe im Scharhörnriff bei einem Windstau von 2 m (oben) und 3 m (unten). Profillage siehe Abb. 7.**

Erstens zeigt sich, daß im Shoreface U_{max} erst bei einer Wassertiefe von etwa 4 m v_{krit} (20 cm/s) überschreitet, was darauf hindeuten würde, daß erst ab 4 m Wassertiefe Materialumlagerungen stattfinden. Dies stimmt nicht überein mit dem Knick im Strandprofil bei -6 m NN. In der Literatur jedoch wird im Strandbereich meistens eine v_{krit} von 15 cm/s benutzt (STERR, 1985). Diese niedrige v_{krit} hängt wahrscheinlich mit dem fast völligen Fehlen von Besiedlung und (kohesionsfördernden) Silt- und Tonpartikeln in diesem Bereich zusammen. Im Shoreface wird diese Geschwindigkeit bei 6 m Wassertiefe erreicht, was sehr gut mit dem Knick übereinstimmt. Auf dem Hohen Watt dagegen muß von einer v_{krit} von mindestens 20 cm/s ausgegangen werden. Nach FÜHRBÖTER (1983) kann $v_{krit(biol)}$ auf einem dicht besiedelten Sandwatt (d_{50} = 0,17 mm) sogar 100 cm/s erreichen. Es darf demnach davon ausgegangen werden, daß der Seegang hier unter normalen Wetterbedingungen kaum Materialumlagerungen verursachen wird.

Nach McCave (1971) entspricht der Parameter U^3P der Wellenwirksamkeit an der Sohle, wobei U (cm/s) die Orbitalgeschwindigkeit an der Sohle, welche mit der Häufigkeit P (%) erreicht oder überschritten wird, darstellt. U^3P ist somit proportional

Photo 1 + 2: **Das Westufer von Scharhörn während (oben) und nach (unten) den Sturmfluten im Herbst 1973 (Aufnahme Ref. Hydrologie Unterelbe).**

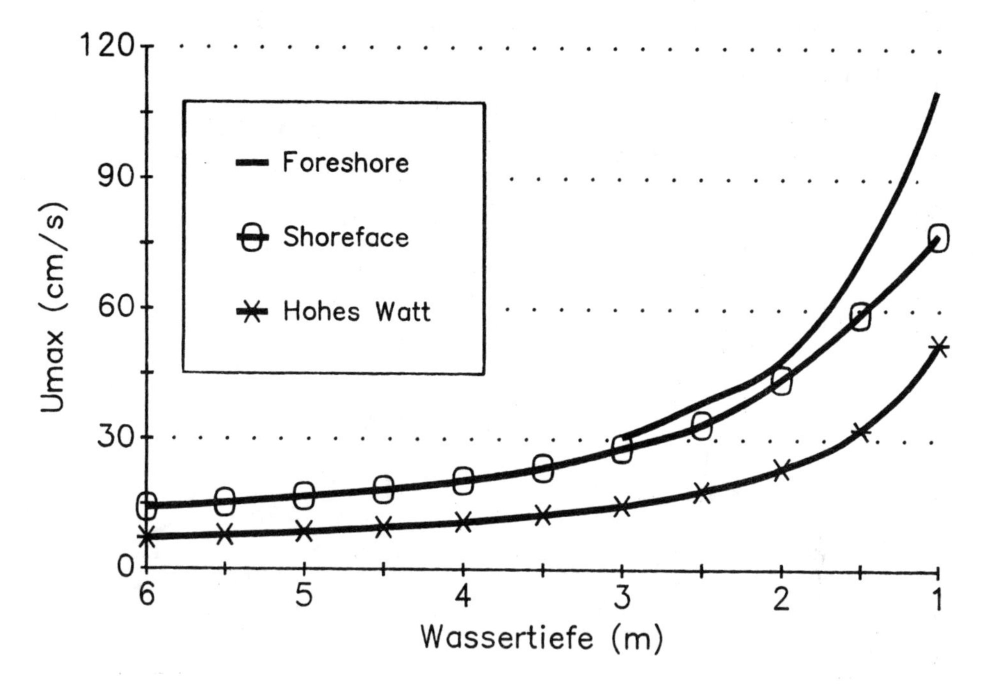

Abb. 18: **Zunahme der maximalen Orbitalgeschwindigkeit U_{max} mit abnehmender Wassertiefe im Foreshore, Shoreface und auf dem Hohen Watt.**

zur Arbeit, die durch Wellen mit den entsprechenden U und P auf der Sohle geleistet werden kann (Scherbeanspruchung). Dem steht ein (empirisch ermittelten) Reibungswiderstand U^2 an der Sohle entgegen, der direkt proportional zur Scherfestigkeit ist (PICKRILL, 1983).

Anhand der Ansätze von SIEFERT (1974) und KOMAR & MILLER (1973) ist es möglich, eine sog. Trendkurve der Wellenwirksamkeit in Abhängigkeit von der Wassertiefe für das Scharhörnriff zu erstellen. In Abb. 19 ist dargestellt wie man zu dieser Kurve gelangt. Obwohl nach SIEFERT (1974) die Beziehungen zwischen Wellenhöhe und Wassertiefe nur bis d = 6 m gesichert sind, wurde die Funktion

$$H = F(d) \text{ bis } d = 10 \text{ m}$$

extrapoliert. Die große Übereinstimmung der "Scharhörnriffkurve" (Abb. 18 unten) mit denen von PICKRILL (1983) und STERR (1987) zeigt, daß dies in diesem Fall angebracht war.

Die Kurve läßt sich eindeutig in eine Zone geringer Wellenwirksamkeit ($d > 6{,}5$ m), eine Übergangszone ($4 < d < 6{,}5$ m) und eine Zone hoher Wirksamkeit ($d < 4$ m) dreiteilen. Diese hydrodynamische Dreiteilung läßt sich gut mit der Topographie des Scharhörnriffes in Einklang bringen. Unterhalb 6,5 m Wassertiefe, d.h. in der

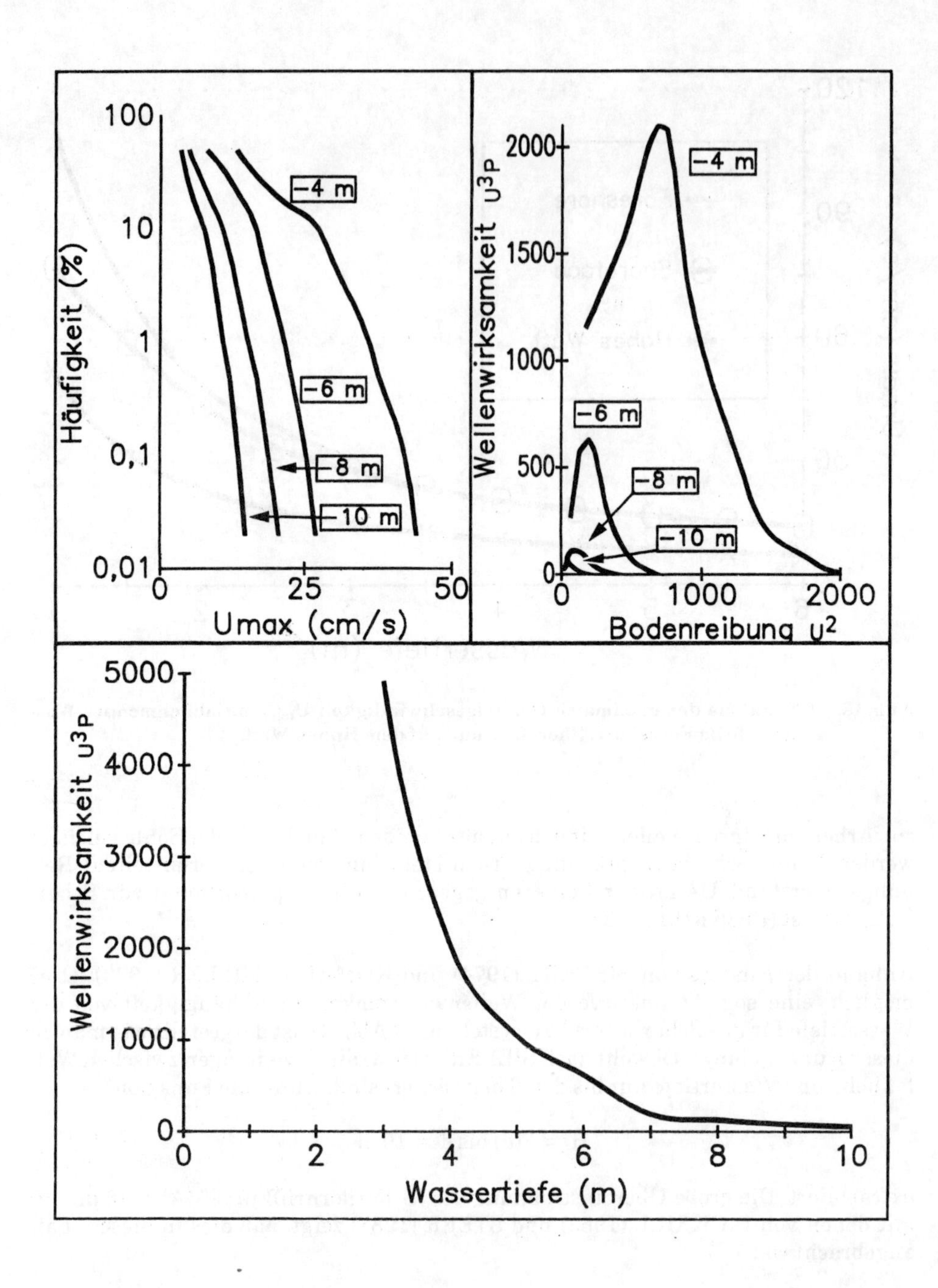

Abb. 19: **Berechnung der sog. Trendkurve der Wellenwirksamkeit für das Scharhörnriff anhand U_{max} nach PICKRILL (1983) und STERR (1987).**

Zone geringer Wellenwirksamkeit, ist die verfügbare Wellenenergie an der Sohle unsignifikant (d/L > 0,25). Zwischen 6,5 und 4 m Wassertiefe fangen die komplizierten Interaktionen zwischen Welle und Sohle an, was u.a. zu Materialumlagerungen in dieser Zone führt. Konsequenterweise findet man hier die Grenze bzw. den Profilknick zwischen Transition Zone und Shoreface. In der hochenergetischen Zone überhalb 4 m Wassertiefe finden konzentriert Materialumlagerungen statt, was später (Kap. 4.4.5) noch nachgewiesen werden wird.

Auch PICKRILL (1983) und STERR (1987) ermittelten einen Profilknick in der Übergangszone. Ihr Profilknick ist aber konvex ausgerichtet, während es sich auf dem Scharhörnriff um einen konkaven Profilknick handelt. Diese scheinbare Diskrepanz läßt sich leicht erklären. PICKRILL und auch STERR forschten an sog. erosiven Küsten, d.h. ihr erosionsbedingter Profilknick liegt an der seeseitigen Begrenzung der Abrasionsplatform. Das Wattenmeer dagegen kann als Sedimentationsküste betrachtet werden, d.h. der sedimentationsbedingte Profilknick liegt an der seeseitigen unteren Kante des Sedimentkörpers bzw. Wattsockels.

3.5 Zusammenfassung

Die einander überlagernden Strömungskomponenten verursachen im Wattkomplex eine zeitlich und räumlich äußerst variable Scherbeanspruchung. Trotzdem lassen sich für Teilbereiche des Neuwerk/Scharhörner Wattkomplexes charakteristische Energiespektren herausarbeiten (Tab. 4).

Die **Transition Zone** formt die östliche Begrenzung des Untersuchungsgebietes. Die obere (Ost)Grenze wird durch die mittlere Wellenbasis bei ruhiger Wetterlage festgelegt und liegt im untersuchten Gebiet etwa bei -6 m NN. Die untere Grenze formt die Wellenbasis während der Stürme und liegt außerhalb des Untersuchungsgebietes. Die Zone wird durch sehr geringe Seegangsenergieeinwirkung und hohe bis sehr hohe T_{pot} gekennzeichnet. Die Scherbeanspruchung ist somit wie im Rinnenbereich tidebedingt.

Die direkt östlich anschließende **Äußere Breaker Zone** ist etwa 1,5 km breit und wird durch deutlich höhere Böschungsneigungen gekennzeichnet. Die Wassertiefen liegen etwa zwischen -6 und -2 m NN. In dieser Zone finden bei ruhigen Wetterlagen etwa 83% der primären Seegangsenergieumwandlungen statt.
Es ist im Hinblick auf den Küstenschutz von großem Interesse, diesen Befund durch vertiefte Untersuchungen (Sedimentologie, Strömungs- und Seegangsmessungen) zu verifizieren. In diesem Zusammenhang soll auch auf das von der Forschungsstelle Küste (Norderney) betriebene "Seegangsmeßprogramm Ostfriesische Inseln und Küste" (NIEMEYER, 1979, 1986) hingewiesen werden. Hier zeigte sich eindeutig, daß vor den Seegaten die Luvseiten der Riffbögen als Äußere Breaker Zone funktionieren. Es konnten zudem quantitative Zusammenhänge zwischen den Wellenhöhen in Luv und Lee des Riffbogens in Abhängigkeit von der Wellenhöhe seewärts des Riffbogens festgestellt werden.

Tab. 4: Untergliederung des Neuwerk/Scharhörner Wattkomplexes in Teilbereiche unterschiedlichen Energiehaushaltes.

Teilbereich	Seegangsleistung (W/ha)		Strömung: T_{pot} (m)	
	Normal	Sturmflut	Normal	Sturmflut
Transition Zone	0	?	7050 / 7830 *	gering
Äußere Breaker Zone	315	860	3150 / 3550	gering
Wave Reformation Zone	0	gering	2420 / 2620	hoch
Foreshore	84	255	480 / 630	hoch
Hohes Watt	0	variabel	310 / 450	7000
Wattprielbereich	gering	variabel	2040	variabel
Rinnenbereich	0	gering	7070	gering
Elbe-Mündung:				
- Flutstromdominanz	0	gering	5260 / 10940	gering
- Ebbstromdominanz	0	gering	17550 / 7510	gering

*: Ebbe- / Flutphase

Da die T_{pot} nur mäßig sind, ist die Scherbeanspruchung in der Äußeren Breaker Zone deutlich seegangsbedingt. Während der Sturmfluten wird sich an dieser Situation nicht viel ändern.

Die **Wave Reformation Zone** ist eine etwa 3,5 km breite Zone, die durch eine extrem geringe Böschungsneigung und Wassertiefen zwischen -2 und -1,5 m NN gekennzeichnet wird. In dieser Zone findet unter normalen Bedingungen kaum Seegangsenergieeinwirkung auf die Sohle statt. Im Gegenteil, der Leistungsdurchgang kann sich unter Einfluß des lokalen Windschubes geringfügig vergrößern. Die T_{pot} sind außerhalb der Ausläufer der Tiderinnen vergleichbar mit denen der Äußeren Breaker Zone. Während der Sturmfluten können jedoch in der Wave Reformation Zone relativ starke Triftströmungen auftreten.

Direkt westlich von der Scharhörner Plate liegt der **Foreshore**. In diesem etwa 3 km breiten eulitoralen Bereich geben die primären Wellen ihre letzte Energie (etwa 17% der Anfangsenergie) ab. Da auch die T_{pot} hier gering sind, ist diese Zone bei normaler Wetterlage energiearm. Während der Sturmfluten jedoch treten hohe Triftstromgeschwindigkeiten, kombiniert mit sehr starker Seegangsenergieeinwirkung auf die Sohle, auf. Dies bedeutet, daß die Hydrodynamik der Foreshore, wie die des Hohen Wattes, von den nur sehr selten auftretenden Sturmflutperioden geprägt wird. Im Hohen Watt bestimmt das Verhältnis zwischen sturmflutbedingter Erosion und normalwetterbedingter Sedimentation die absolute Höhenlage. In der Foreshore dagegen wird die Böschungsneigung (bei gleichbleibender Korngröße) durch dieses Verhältnis geprägt (CHRISTIANSEN, 1976).

Das **Hohe Watt** liegt über NN und ist bei ruhigen Wetterlagen nur sehr geringen Energieeinwirkungen aus Seegang und Tideströmungen ausgesetzt. Während Sturmflutperioden jedoch kann ein signifikanter Teil der primären Seegangsenergie direkt bis auf das Hohe Watt vordringen, wobei zu gleicher Zeit sehr starke Triftströmungen auftreten. Somit wird dieser Bereich hydrodynamisch von den seltenen Sturmflutereignissen dominiert.

Die Rinnen des **Wattprielbereiches** schneiden sich in das hohe Watt ein, wobei sie Wassertiefen zwischen NN und -6 m NN aufweisen. Der Bereich nimmt somit eine Zwischenposition zwischen dem Hohen Watt und Rinnenbereich ein. Während ruhiger Wetterlagen wird die Scherbeanspruchung vor allem tidebedingt sein. Nur wenn ein Teil des primären Seegangs via eines Seegates bis an die Prielmündungen gelangen kann, werden auch seegangsbedingte Materialumlagerungen an den Prielrändern auftreten können. Während der Sturmfluten jedoch wird die (seegangs- und triftstrombedingte) Scherbeanspruchung vor allem in den Prielwurzeln, sowie an den Prielrändern sehr stark zunehmen.

Der **Rinnenbereich** unterhalb -6 m NN unterliegt kaum Seegangsenergieeinwirkungen. Die Hydrodynamik wird hier deutlich von den hohen bis sehr hohen T_{pot} geprägt. Auch während der Sturmfluten ändert sich daran nicht viel, obwohl die Strömung sich in den tieferen Wasserschichten jetzt kontinuierlich seewärts orientiert und sich nicht mit jeder Tidephase um 180° dreht.

Die **Elb-Mündung** kann in Flut- bzw. Ebbstromdominierte Bereiche untergliedert werden. Vor allem das Ebbstromdominierte Gebiet südlich des Vogelsandes weist ein sehr starkes Ungleichgewicht zwischen $T_{pot(flut)}$ und $T_{pot(ebbe)}$ auf. Zudem sind die in diesem Gebiet beobachteten $T_{pot(ebbe)}$ weitaus die stärksten im gesamten Untersuchungsgebiet. Der Einfluß der windinduzierten Strömungskomponenten ist in der Elb-Mündung folglich nur minimal.

Der **Platenbereich** südlich vom Scharhörnriff umfaßt die von GÖHREN (1970) beschriebenen V-förmigen Sandbänke. Wegen seiner großen hydrodynamischen Heteroge-nität läßt er sich nur schwer energetisch charakterisieren und wurde deswegen nicht in Tab. 4 aufgenommen. Er liegt zum größten Teil im eulitoralen Bereich und müßte somit hydrodynamisch der Foreshore ähneln. Die sublitoralen westlichen Platenränder funktionieren aber auch teilweise (Robben Plate) als Äußere Breaker Zone, weil hier die Wave Reformation Zone fehlt. Die Höhenhörn Sände liegen weiter östlich und sind von dem einkommenden primären Seegang weitgehend geschützt, wodurch sich der Platenbereich hydrodynamisch in einen exponierten und in einen geschützt liegenden Teilbereich untergliedern läßt.
Zusätzlich wird der durch Tiderinnen stark zergliederte Bereich von starken Tideströmungen geprägt, die manchmal bis auf die Platen gelangen können. Während der Sturmfluten werden auf den Platen starke Triftströmungen vorherrschen, sowie starke Seegangsenergieeinwirkungen auf die Sohle stattfinden. Folglich gehört der Platenbereich zu den energiereichsten Gebieten des Wattkomplexes.

4 DIE MORPHODYNAMIK DES NEUWERK / SCHARHÖRNER WATTKOMPLEXES

4.1 Vorbemerkungen

Materialumlagerungen im Wattengebiet treten auf wenn die von den äußeren Kräften verursachte sog. Scherbeanspruchung an der Sohle größer wird als die Scherfestigkeit des Sedimentkörpers. Die auf die Sohle einwirkenden äußeren Kräfte sind die durch Wind verursachte Triftströmung, die Orbitalströmung der Wellen und die Tideströmung des Wasserkörpers (Kap. 3). Wenn die Wattoberfläche trocken liegt kann der Wind auch direkt auf die Sohle einwirken. Somit unterliegt die Scherbeanspruchung einem ständigen, von planetarischen und meteorologischen Einflüssen induzierten Wechsel. Die Scherfestigkeit des Sedimentkörpers ist in erster Linie von den Eigenschaften des Materials (Korngröße, -Form, Kohäsion, Packung, usw.) abhängig. Aber auch die Richtung und Geschwindigkeit der Scherbeanspruchung, sowie die früheren Materialverlagerungen und die Besiedlung können Einfluß auf die momentane Scherfestigkeit haben.

Wie bereits in Kap. 3 erläutert wurde, ist es sehr schwierig anhand hydraulischer und/oder mathematischer Modelle zu quantitativen Aussagen über die hydrologischen Prozesse, bzw. die von ihnen verursachten Materialumlagerungen innerhalb eines größeren Gebietes während eines bestimmten Zeitabschnittes zu gelangen. Für die praktische Arbeit an der Küste greift man deswegen zur Bestimmung der morphologischen Aktivität üblicherweise auf Auswertungen von zeitlich aufeinanderfolgenden topographischen Aufnahmen eines Gebietes, die sog. "morphologische Betrachtungsweise" (GÖHREN, 1970), zurück. Für diese Auswertung stehen folgende Methoden zur Verfügung:

- das Tiefenlinienverfahren, wobei ein oder mehrere entsprechende Tiefenlinien aus zeitlich aufeinanderfolgenden Karten eines Gebietes dargestellt werden;
- das Profilganglinienverfahren, wobei ausgewählte Profile in Abhängigkeit von der Zeit dargestellt werden;
- Tiefenänderungspläne, wobei die Tiefendifferenzen zweier sukzessiver Karten eines Gebietes flächenhaft dargestellt werden;
- Niveauflächenanalyse, wobei die Oberfläche eines bestimmten geodätischen Niveaus für zeitlich aufeinanderfolgende Karten planimetriert wird.

Für eine genauere Beschreibung dieser Auswertungsverfahren und eine Analyse ihrer Aussagekraft bzw. Anwendbarkeit wird auf TAUBERT (1986) und SCHÜLLER (1990) verwiesen.

4.2 Die MORAN-Funktion

Für die vorliegende Arbeit wurden zur Bestimmung der Morphodynamik Tiefenänderungspläne erstellt (Abb. 20). Dazu wurde über die topographischen Karten der Untersuchungsgebiete ein Raster von Quadraten - orientiert am Gauss-Krüger Netz - mit 1 km Seitenlänge gelegt. Jedes dieser Quadrate (Kleine Einheit) wurde

wiederum in 100 Felder von 100*100 m unterteilt (Teilfläche). Für jede dieser Teilflächen wurde ein mittlerer Tiefenwert eingelesen.

Zur Genauigkeit der geodätischen Vermessungen 1965 bis 1979 im Neuwerk/Scharhörner Wattkomplex machen GÖHREN (1968) bzw. SIEFERT & LASSEN (1968) folgende Angaben:
- Nivellements: 0,2 bis 4 cm.
- Peilungen:
  a) Abweichungen nahe bei Hilfspegeln: durch Beschickungsfehler bis 1 dm; Lotungsfehler deutlich unter 1 dm.
  b) Abweichungen im äußeren Küstenvorfeld: durch Beschickungsfehler bei Distanzen von 10 bis 30 km, 3 bis 5 dm; durch Lotungsfehler 1 bis 2% der Tiefe, bis 4 dm bei 20 m Tiefe.
  c) Gerätetechnische Abweichungen: 0,25% vom Endwert oder 5 cm (SCHLEIDER, 1981).

Der Tiefenänderungsplan zeigt das Gesamtergebnis aller natürlichen Höhenänderungen, die während des Vergleichszeitraumes in der betrachteten Kleinen Einheit aufgetreten sind. Anhand dieses Planes lassen sich zwei Kenngrößen für die morphologische Aktivität der Kleinen Einheit ermitteln: die mittlere Höhenänderung als Differenzwert (Bilanzhöhe) und die mittlere Höhenänderung als Absolutwert (Umsatzhöhe) von Sedimentation und Erosion der Teilflächen (Abb. 20). Da allerdings die zwischenzeitlich abgelaufenen Umlagerungen nicht erfaßt werden, wird vermutlich der tatsächliche Materialumsatz deutlich über dem der Kartenauswertung liegen. Das Ausmaß dieser Abweichungen nimmt verständlicherweise proportional zur Länge des Vergleichszeitraumes zu.

Für die mittlere Bilanzhöhe

$$h_b = 1/n\ \Sigma h_b' \text{ mit } \Sigma h_b' = \Sigma(h_s' + h_e')$$

gilt allgemein $0 \leqq |h_b| \leqq h_u$, wobei

$$h_u = 1/n\ \Sigma h_u' \text{ mit } \Sigma h_u' = \Sigma|h_s'| + \Sigma|h_e'|,$$

ohne daß von h_u unmittelbar auf h_b geschlossen werden kann (SIEFERT, 1987).

Im Rahmen des MORAN-Projektes wurde geprüft, ob die Änderungen der topographischen Höhe h über die Zeit t für eine Fläche durch eine entsprechende mathematische Funktion

$$h = F(t)$$

formuliert werden können. Diese Formel muß folgende Voraussetzungen erfüllen (nach SIEFERT, 1983):

1) Für eine Fläche beginnt die Höhenänderung h im Ursprung und läuft mit der Zeit asymptotisch auf einen Höchstwert h_{max} zu. Die maximalen Höhenunter-

KFKI - Projekt M O R A N
MORPHOLOGISCHE VERÄNDERUNGEN
Position : 3471000 - 5972000
Planquadrat : 01J2

Bezeichnung	1965	1972
Bezugshorizont BH = NN - (m)	1.6	1.6
Mitt. Höhe unter BH (dm)	- 10.56	- 9.78
Top. Ungleichförmigkeit (dm)	13.7	16.3
Punkte	100	100

Differenz in dm

	Feld 1				I		Feld 2			
	1	2	3	4	5	6	7	8	9	10
1	-5	-4	-4	-4	-1	1	0	-3	-2	9
2	-4	-4	-4	-1	1	0	-2	-5	-4	8
3	-5	-5	-3	0	1	-1	-4	-4	-4	5
4	-3	-3	0	2	1	-4	-13	-14	-12	1
5	-1	0	0	1	-3	-3	-11	-6	10	7
6	1	2	2	1	-1	-3	9	3	2	1
7	2	4	9	1	-5	-4	1	0	0	0
8	4	5	-7	-6	-4	1	0	0	0	1
9	-3	1	2	0	-1	-1	0	0	1	2
10	3	3	0	0	-1	-1	-1	-1	-1	0
	Feld 3				I		Feld 4			

Bezeichnung	Feld 1	Feld 2	Feld 3	Feld 4	Gesamt	Mittel
Anwachshöhe (dm)	6	41	40	21	108	1.08
Abtragshöhe (dm)	54	92	28	12	186	1.86
Bilanzhöhe (dm)	-48	-51	12	9	-78	-.78
Umsatzhöhe (dm)	60	133	68	33	294	2.94
Punkte	25	25	25	25	100	

Aufgestellt: Berlin, den 21. 08. 1990

Abb. 20 **Beispiel für die Auswertung von Kartenvergleichen für eine Kleine Einheit von 1 km² nach dem MORAN-Verfahren.**

schiede im Wattengebiet der inneren Deutschen Bucht liegen um 20 m. Die maximalen Höhenänderungen werden normalerweise weit darunter bleiben.

2) Der asymptotische Grenzwert h wird, je nach Energiespektrum (Art und Beschaffenheit der Scherbeanspruchung) und nach Art und Beschaffenheit des Sediments (Scherfestigkeit), unterschiedlich groß sein.
3) Auch der Zeitraum a bis zum Erreichen des Wertes h_{max} wird, je nach Energiespektrum, unterschiedlich groß sein. Je schneller h_{max} erreicht ist, desto stärker überwiegen die kurzfristigen die langfristigen morphologischen Veränderungen, bzw. desto größer ist die morphologische Varianz.
4) Die mittlere Höhenänderung pro Jahr ist eine Funktion der Zeit, d.h. der Anzahl a Jahre des Vergleichszeitraumes. Je länger der Vergleichszeitraum wird, desto kleiner muß die darüber gemittelte jährliche Höhenänderung werden. Sonst wäre es auch unmöglich zu einem asymptotischen Höchstwert h_{max} zu gelangen.
5) Wenn eine Analyse von Daten aus unterschiedlichen Zeiträumen durchgeführt wird, müssen eventuelle Änderungen des Energiespektrums berücksichtigt werden.

Die bisherigen Arbeiten im Rahmen des MORAN-Projektes (SIEFERT, 1987) haben gezeigt, daß die Umsatzhöhe h_u (cm) über den Vergleichszeitraum a (J) als Sättigungsfunktion

$$h_u = h_{ua} (1-e^{-a/a_0})$$

bestimmt werden kann (Abb. 21). Hierbei gibt a als einzige Veränderliche einen Betrachtungszeitraum (den Zeitraum zwischen zwei topographischen Aufnahmen) an, nicht aber die fortlaufende Zeit. Die asymptotische Umsatzhöhe h_{ua} (cm) ist ein (theoretisch erst für sehr große a erreichbarer) mittlerer Höchstwert für h_u; a_0 steht für den Zeitraum, in dem h_{ua} bei gleichsinniger, linearer Veränderung der Topographie erreicht werden würde. Die Steigung im Ursprung beträgt h_{ua}/a_0 (cm/J) und entspricht somit der Umsatzrate.

Für jede Kleine Einheit im Neuwerk/Scharhörner Wattkomplex wurde eine Sättigungsfunktion $h_u = f(a)$ berechnet. Das folgende Beispiel soll der Erläuterung dienen. Von der Kleinen Einheit O1J2 auf dem Neuwerker Watt liegen 14 topographischen Aufnahmen aus den Jahren 1954 bis 1979 vor. Somit sind hier insgesamt 91 Kartenvergleiche mit einem Vergleichszeitraum von a = 1 Jahr (z.B. 1965/66, 1966/67), a = 2 Jahre (z.B. 1965/67) bis zu a = 25 Jahre (1954/79) möglich. Es können also 91 Umsatzwerte, die jedesmal den Mittelwert aus den Daten der 100 Teilflächen darstellen, zur Berechnung der Sättigungsfunktion miteinbezogen werden. Die 91 Umsatzwerte werden in einem Diagramm gegen den Vergleichszeitraum a aufgetragen (Abb. 21), und durch die so entstandene Punktwolke wird schließlich die Funktion $h_u = f(a)$ berechnet.

Es läßt sich allerdings nur dann eine Sättigungsfunktion errechnen, wenn die Bilanzhöhe h_b bei Zunahme des Vergleichszeitraumes a gegen Null geht oder sich auf ein bestimmtes Niveau einpendelt. Wenn h_b auch bei zunehmenden a im Verhältnis zu h_u wächst, deutet das auf eine säkulare Höhenänderung (während des

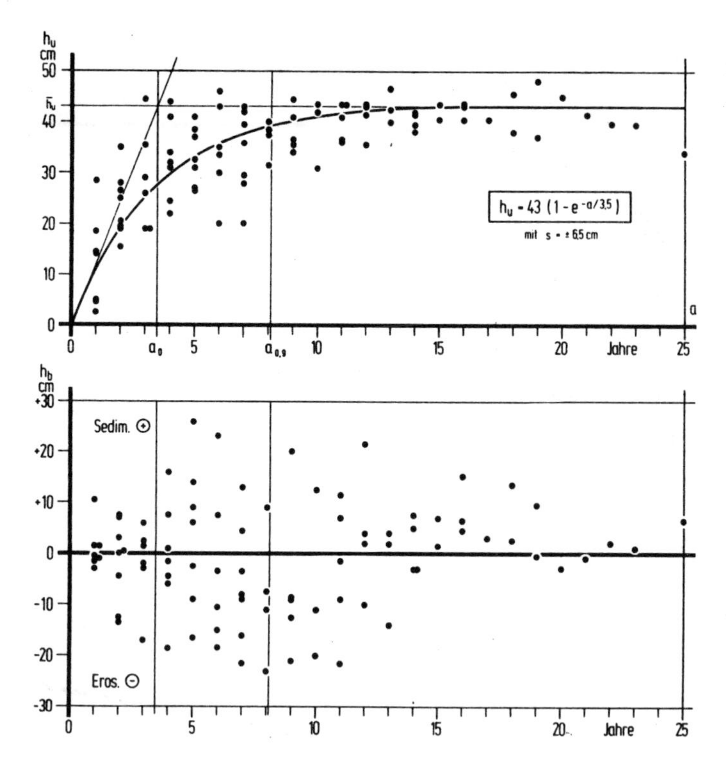

Abb. 21: Umsatzhöhen h_u und Bilanzhöhen h_b über den Vergleichszeitraum a für die Kleine Einheit O1J2 auf dem Neuwerker Watt für 91 Kartenvergleiche (Nach SIEFERT, 1987: Abb. 5).

Vergleichszeiträumes) hin, bzw. wird Voraussetzung 1 (s.o.) nicht mehr erfüllt (Abb. 22). Unter der Voraussetzung, daß sich das Watt in der Deutschen Bucht mindestens seit etwa 1200 AD insgesamt in einem dynamischen Gleichgewicht befindet (siehe Kap. 2.2), wird man bei genügend großem Vergleichszeitraum a immer einen Punkt finden, an dem sich ein neues dynamisches Gleichgewicht in der Kleinen Einheit einstellt.

Dies kann eindrucksvoll anhand folgendem Beispiel erläutert werden. In Abb. 23 ist für die Kleine Einheit Q1J1 in der Elbmündung die topographische Lage um 1810, 1860, 1910, 1975, 1986 und 1988 kartenmäßig dargestellt. Die Kleine Einheit Q1J1 lag um 1810 in der damaligen Noorderrinne und wies eine mittlere Tiefe von über -6 m SKN auf. Um 1860 lag sie je zur Hälfte im Klotzenloch und auf dem Medemsand. Um 1910 und 1975 befand sich in der Lage von Q1J1 ein über SKN aufragender Sand. Die geodätische Aufnahme des WSA-Cuxhaven aus dem Jahre 1986 zeigt jedoch, daß sich die Medemrinne zwischen 1975 und 1986 in das Gebiet hineinverlagert, und 1988 schließlich liegt die gesamte Kleine Einheit wieder unterhalb -6 m SKN.

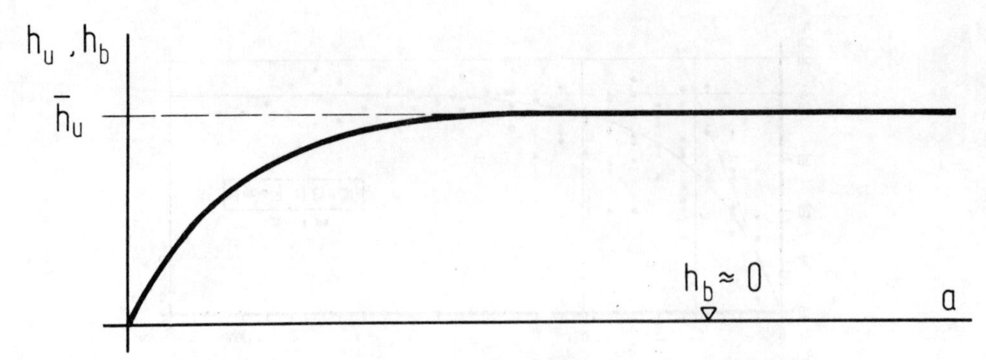

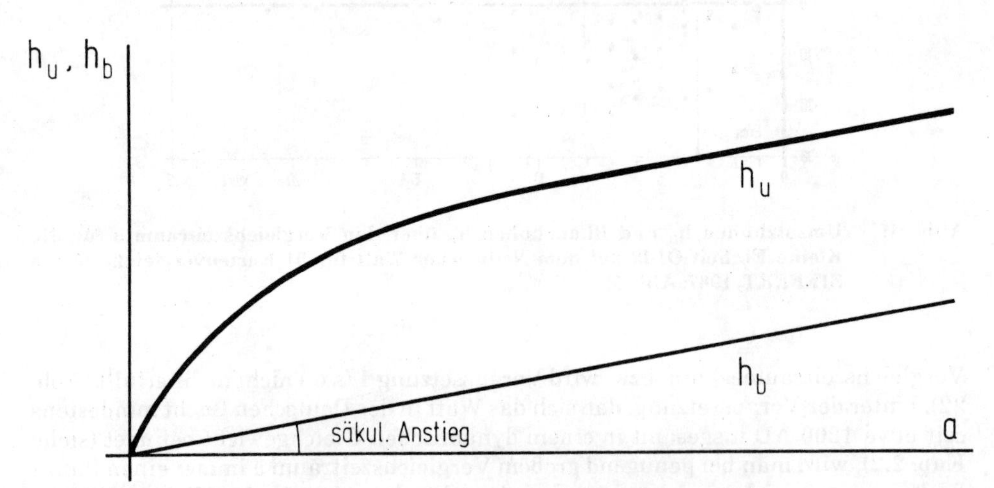

Abb. 22: Umsatz- und Bilanzfunktionen bei fehlender (oben) und vorhandener (unten) säkularer Änderung der Watthöhe (SIEFERT & LASSEN, 1987: Abb. 2).

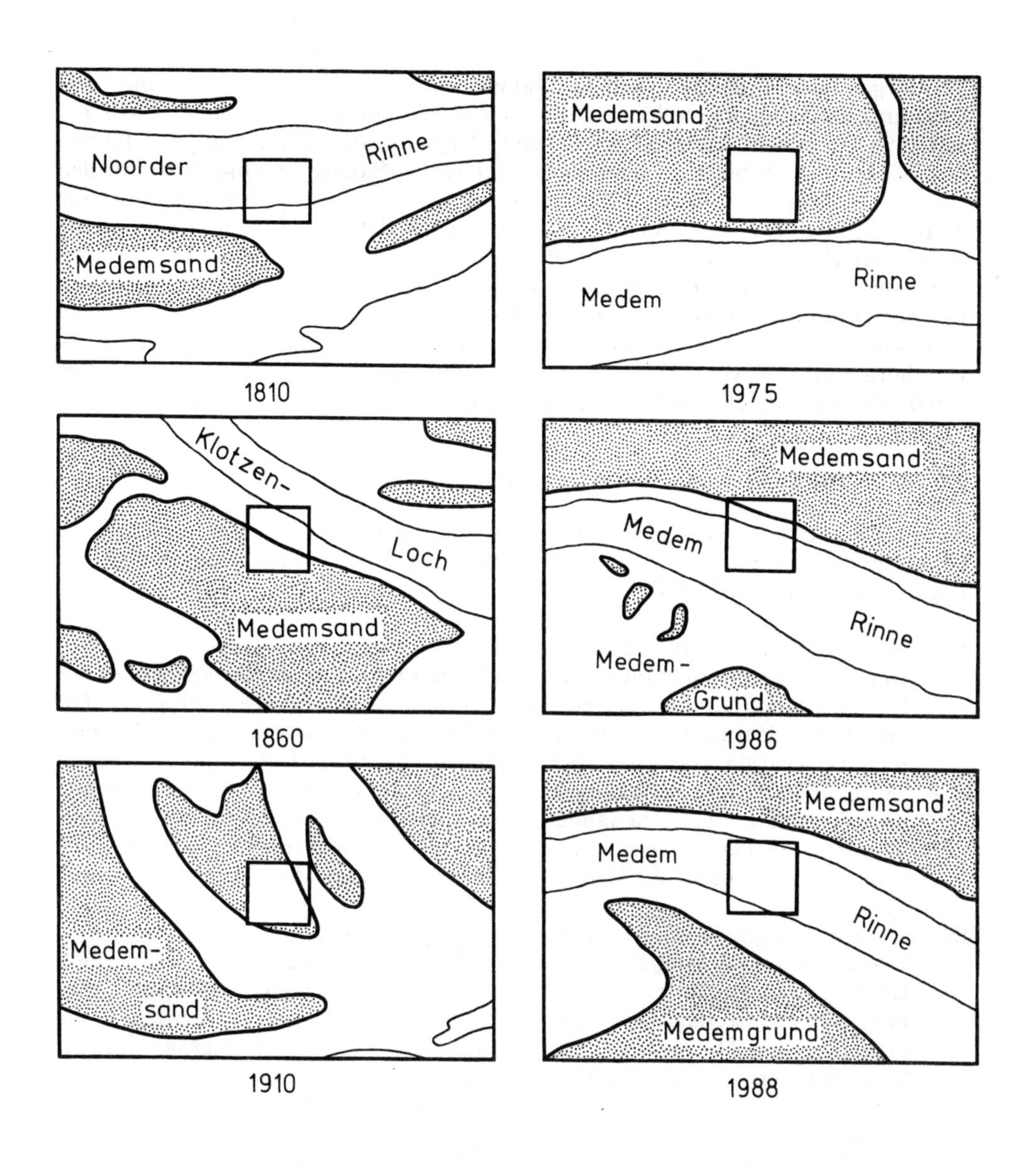

Abb. 23: Paläogeographische Entwicklung der Kleinen Einheit Q1J1 in der Elbmündung (Medemsand) seit 1810.

Wenn genügend genaue Kartenaufnahmen vorlägen, ließen sich somit drei Sättigungsfunktionen errechnen. Die erste Funktion für die Perioden um 1810 und seit 1988 würde dem Energiespektrum einer Tiderinne im Ästuar, die zweite für den Zeitabschnitt 1910 bis 1975 dem eines intertidalen Sandes und die dritte für den gesamten Zeitraum 1810 bis 1988 dem eines Tideästuares entsprechen. Über die Zeiträume 1810 bis 1860 und 1975 bis 1986 ließen sich dagegen theoretisch keine charakteristischen Funktionen berechnen, da die Kleine Einheit während dieser Perioden einer (quasi)säkularen Änderung unterlag.
Die Berechnung der Bilanz- und Umsatzhöhen sowie die der Sättigungsfunktionen ist anhand eines von den Herren Vu (Strom- und Hafenbau, Ref. Hydr. Unterelbe, Hamburg) und Köves (WSA, Cuxhaven) entwickelten Computerprogrammes "MORAN" durchgeführt worden, wofür der Autor sich bedanken möchte.

4.3 Die morphologischen Parameter

Neben den beiden schon erwähnten morphologischen Parametern Bilanz- und Umsatzhöhe lassen sich aus der Sättigungsfunktion drei weitere morphologische Parameter ermitteln (HOFSTEDE, 1989):

1) die asymptotische Umsatzhöhe h_{ua}:
Der Höhenunterschied im Neuwerk/Scharhörner Wattkomplex erreicht in der Ostertill einen Höchstwert von etwa 20 m. Bei einer Verlagerung der Till könnte h_{ua} demnach theoretisch einen Wert von etwa 20 m erreichen. Normalerweise wird sie aber weit darunter bleiben. In stabilen Gebieten, d.h. Gebiete wo h_b über größere Zeiträume um Null schwankt, erlaubt h_{ua} eine Aussage über die maximalen Höhenänderungen, die in diesen Gebieten auftreten können. Im intertidalen Bereich westlich von Scharhörn (Foreshore) wird h_{ua} beispielsweise in etwa der Höhe der durchziehenden Brandungsbänke entsprechen.
2) die morphologische Varianz ß als reziproker Wert von a_0:
Der Zeitraum bis zum Erreichen von h_{ua} ist in einzelnen Gebieten je nach Energiespektrum unterschiedlich groß. So wird in einem Gebiet, daß vom kurzfristig auftretenden Wechsel der äußeren Kräfte geprägt wird, wie der Foreshore, die Morphologie von kurzfristigen Änderungen geprägt werden. Dies bedeutet, daß h_{ua} schnell erreicht wird bzw. ß groß ist. In anderen Gebieten wird die Morphologie dagegen von langfristigen Tendenzen maßgebend beeinflußt. Die Scharhörner Plate verlagert sich beispielsweise unter Einfluß des Meeresspiegelanstieges schon über 100 Jahre ostwärts (siehe Kap 2.3). Konsequenterweise wird h_{ua} hier erst nach langer Zeit eintreten und wird ß sehr gering sein. Somit erlaubt ß eine Aussage über die Dauer der gleichbleibenden Tendenzen - Erosion oder Sedimentation - eines Gebietes.
3) die Umsatzrate h_{ua}/a_0:
Dieser Parameter entspricht der Steigung im Ursprung und wird in cm/Jahr ausgedrückt. Da

$$h_{ua}/a_0 \leqq h_u \quad (\text{für } a = 1 \text{ Jahr})$$

gibt die Umsatzrate nicht nur einen Wert für die gemessene mittlere jährliche Umsatzhöhe zwischen zwei Aufnahmen, sondern auch einen Hinweis auf die weiterhin ablaufenden Umlagerungen. Somit erlaubt die Umsatzrate eine allgemeine indikative Aussage über die morphologische Aktivität (Morphodynamik) eines Gebietes während des Betrachtungszeitraumes und läßt sich direkt mit dem Energiespektrum (Scherbeanspruchung) des Gebietes korrelieren.

4.4 Ergebnisse

In Kap. 3 konnte der Neuwerk/Scharhörner Wattkomplex in Teilbereiche unterschiedlicher Hydrodynamik untergliedert werden. Die morphologischen Auswertungen zeigen, daß sich der Wattkomplex auch morphodynamisch unterteilen läßt. Anhand der morphologischen Parameter asymptotische Umsatzhöhe (Abb. 24a), morphologische Varianz (Abb. 24b) und Umsatzrate (Abb. 24c) wurden sieben morphodynamische Einheiten, sowie ein anthropogen beeinflußtes Gebiet charakterisiert (Abb. 25). In Tabelle 5 sind für die Teilbereiche jeweils die Kennwerte der drei Parameter sowie die Bilanzhöhe zwischen 1965 und 1979 aufgeführt.

Im gesamten Neuwerk/Scharhörner Wattkomplex, mit Ausnahme der beiden anthropogen beeinflußten Gebiete, wurde somit zwischen 1965 und 1979 jährlich mindestens 65 Mio. m^3 Sediment umgelagert. Die jährliche Bilanzmenge betrug "nur" etwa 1,9 Mio. m^3, bzw. 3% der jährlichen Umsatzmenge. Insgesamt wurde aber zwischen 1965 und 1979 fast 27 Mio. m^3 Sand aus dem untersuchten Gebiet hinaus verfrachtet. Dies ist im Hinblick auf die erwartete Beschleunigung des Meeresspiegelanstieges im nächsten Jahrhundert ein alarmierender Materialverlust. MISDORP et al. (1990) haben die möglichen Folgen eines Meeresspiegelanstieges auf die Watteinzugsgebiete des Niederländischen Wattenmeeres untersucht. Ihrer Meinung nach kann das Verhältnis zwischen Tidevolumen V_T und Durchflußquerschnitt F eines Seegats folgenderweise bestimmt werden:

$$V_T = 35959F - 152{,}0 \text{ Mio. } m^3.$$

Bei einem Meeresspiegelanstieg wird in einem Watteinzugsgebiet mit einem großen Anteil an inter- und supratidalen Bereichen, wie der Neuwerk/Scharhörner Wattkomplex östlich von Scharhörn, das Tidevolumen verhältnismäßig stärker ansteigen als der Durchflußquerschnitt. Folglich wird der Durchflußquerschnitt im Vergleich zum Tidevolumen zu gering werden, was folgende Konsequenzen haben wird:

- Zunahme der Strömungsgeschwindigkeiten in den Tiderinnen;
- Erosion im Seegat und in den Tiderinnen;
- möglicherweise Sedimentation auf der Wattoberfläche.

Nach dieser Hypothese sollte im Neuwerk/Scharhörner Wattkomplex das Seegat Till unter Einfluß des Meeresspiegelanstieges starken Erosionen unterliegen, während im Scharhörner und Neuwerker Watt die Sedimentation auftreten könnte. Tatsächlich unterlag das Seegat Till zwischen 1965 und 1979 der Erosion (± 13

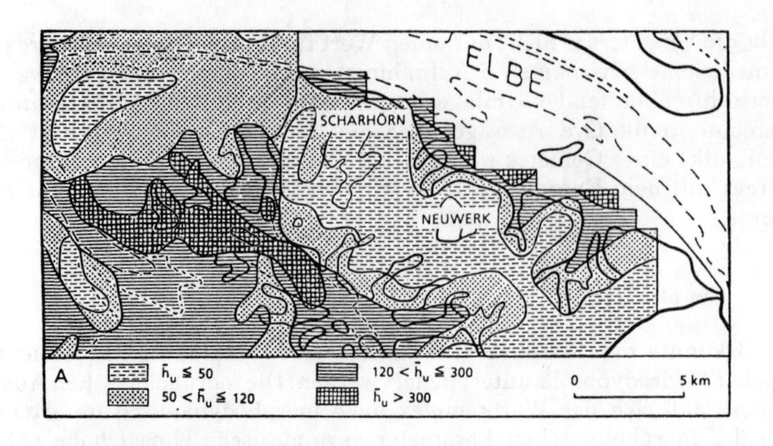

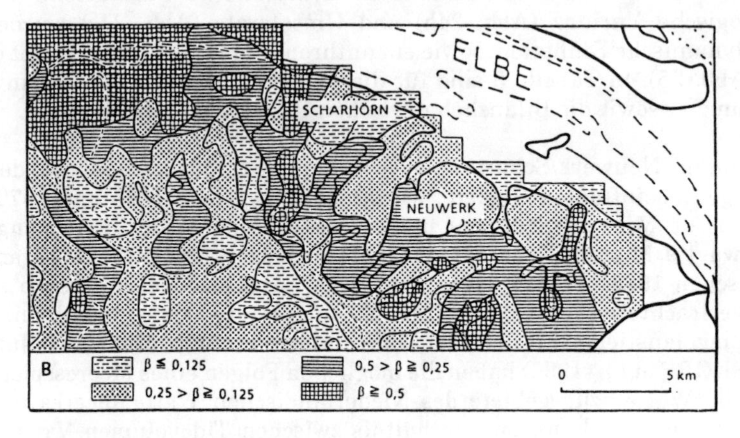

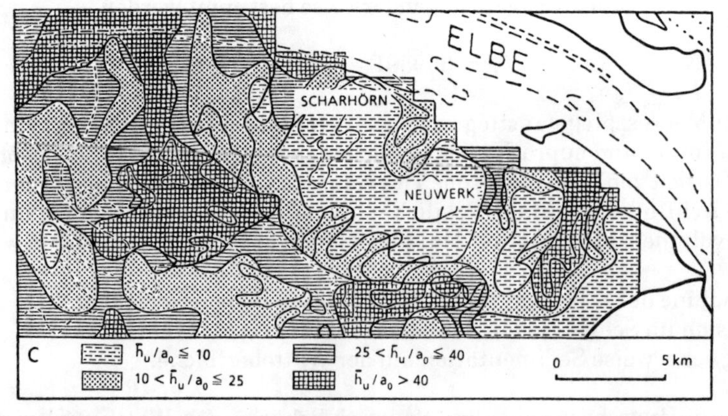

Abb. 24: Morphologische Parameter flächenmäßig für den Neuwerk/Scharhörner Wattkomplex dargestellt; a: asymptotische Umsatzhöhe h_{ua}, b: morphologische Varianz ß, c: Umsatzrate h_{ua}/a_0 (Nach HOFSTEDE, 1989: Abb. 4).

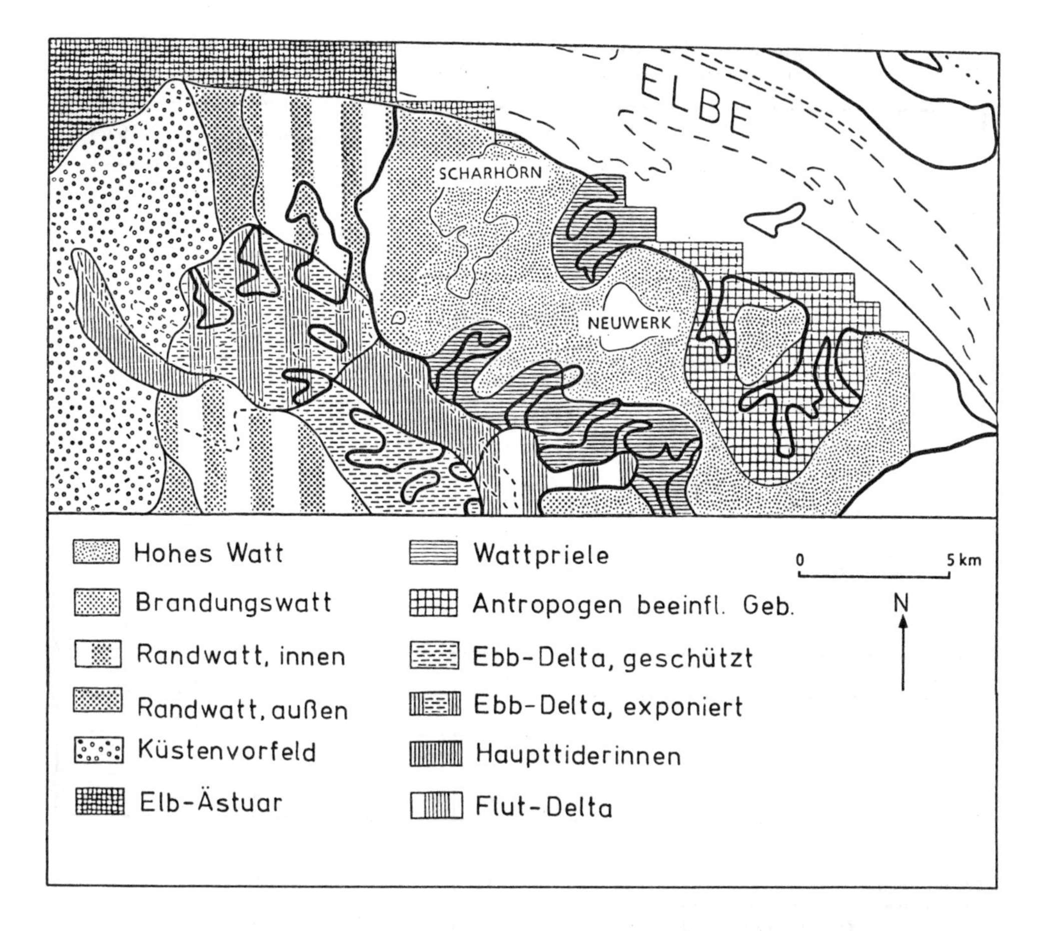

Abb. 25: **Untergliederung des Neuwerk/Scharhörner Wattkomplexes in Teilgebiete unterschiedlicher Morphodynamik (Nach HOFSTEDE, 1989: Abb. 5).**

Mio. m^3), während auf dem Scharhöner Watt Sedimentation vorherrschte (± 2 Mio. m^3). Allerdings unterlag das Neuwerker Watt gleichzeitig der Erosion (± 4 Mio. m^3). Es sind also neben Tidevolumen bzw. Meeresspiegelanstieg auch andere Faktoren, wie Sturmflutintensität oder menschliche Eingriffe zu berücksichtigen.

4.4.1 Hohes Watt

Das Hohe Watt liegt definitionsgemäß über NN, außerhalb des Einflusses des primären Seeganges.

Die h_u-Werte um 28 cm entsprechen den maximalen Höhenänderungen, die während einer Sturmflut auftreten können (REINECK, 1976). Dies ist ein Hinweis dafür, daß die Morphodynamik des Hohen Wattes maßgeblich von Sturmfluten bestimmt wird, wie das auch von GÖHREN (1968) postuliert wurde.

Tab. 5: **Untergliederung des Neuwerk/Scharhörner Wattkomplexes anhand der morphologischen Parameter h_{ua}, ß, h_{ua}/a_0 und h_b.**

Teilgebiet	n*	h_{ua} (cm)	ß (J)	h_{ua}/a_0 (cm/J)	h_b65/79 (cm)
Neuwerk/Scharhörner Wattkomplex	275	117	0,20	23,5	-10
Hohes Watt	54	28	0,19	5,3	-5
- Scharhörn/Neuwerk	28	25	0,19	4,8	6
- Neuwerk/Küste	26	32	0,2	6,5	-15**
Wattpriele	18	71	0,2	16,4	3
Seegat Till	71	235	0,16	36,8	-18
- Flut-Delta	8	232	0,18	42,9	-22
- Haupttiderinnen	13	212	0,14	29,1	10
- Ebb-Delta					
- exponiert	37	274	0,16	44,1	-27
- geschützt	13	153	0,14	20,1	-16
Küstenvorfeld	41	90	0,23	20,5	-6
Randwatt					
- Außenzone	5	86	0,56	47,8	2
- Innenzone	44	117	0,16	19,2	4
Brandungswatt	12	84	0,30	25,5	-19
Elbe-Ästuar	30	84	0,53	43,9	-32
Anthropogen beeinflußte Gebiete					
- Neuwerker Fahrwasser	7	357	0,09	31,0	225
- Buchtloch + Eitzenbalje	20	109	0,22	24,2	-30

*: n = Anzahl der Kleinen Einheiten

**: Bilanzhöhe 1965/86 = -3 cm (Aufnahme 1986: WSA-Cuxhaven, 1:20.000)

Die Standardabweichung (%) für h_{ua} schwankt zwischen 29 (Ebb-Delta, geschützt) und 63 (Randwatt, Innenzone), für ß zwischen 17 (Ebb-Delta, geschützt) und 70 (Brandungswatt) und für h_{ua}/a_0 zwischen 21 (Haupttiderinnen) und 47 (Hohes Watt).

Die sehr geringen h_{ua}/a_0-Werte von 5 cm deuten daraufhin, daß in diesem Bereich, außer während der seltenen Sturmflutereignisse, insgesamt sehr wenig Höhenänderungen auftreten, was gut mit den Ergebnissen der hydrodynamischen Untersuchungen (Kap. 3) übereinstimmt.

Die morphologische Varianz ß ist recht unterschiedlich (Abb. 24b). Es läßt sich jedoch erkennen, daß ß auf der Nordseite des hohen Wattes kleiner ist als auf der

Wattwasserscheide und der Südseite. Dies bedeutet, daß auf der Nordseite längerfristige Tendenzen vorherrschen. Sehr geringe ß-Werte (0,125) werden auf der Scharhörner Plate registriert, was gut mit der stetigen ostwärtsgerichteten Verlagerung der Plate seit Mitte des letzten Jahrhunderts übereinstimmt.

Das Hohe Watt läßt sich nach den Bilanzwerten zweiteilen. Im relativ niedrig liegenden Watt zwischen Neuwerk und der Küste überwiegt zwischen 1965 und 1979 deutlich die Erosion (bis 50 % des h_{ua}-Wertes!). Auch im südlich anschließenden, küstennahen Wurster Watt überwiegt zwischen 1974 und 1979 die Erosion (BARTHEL, 1981). Dies bedeutet, daß in diesem Gebiet das dynamische Gleichgewicht zu Gunsten der Erosion gestört wurde. Nach Abb. 13 muß also das MThw-Niveau gesunken sein oder die Sturmflutintensität zugenommen haben. Da das MThw zwischen 1965 und 1979 im langjährigen Mittel um etwa 3 cm angestiegen ist (Abb. 4), müßte die Ursache in einer starken Zunahme der Sturmflutintensität liegen. Diese Zunahme ist für die innere Deutsche Bucht zweifelsfrei nachgewiesen worden (SIEFERT, 1982). Im relativ hochliegenden Watt zwischen Scharhörn und Neuwerk jedoch herrscht geringe Sedimentation vor, die in etwa den Anstieg des MThw zwischen 1965 und 1979 ausgleicht. Dies würde somit bedeuten, daß sich hier der Einfluß der Sturmfluten kaum geändert hat. Somit wird klar, daß nicht nur das MThw-Niveau und die Sturmflutintensität die Höhenlage des Wattes bestimmen. Als mögliche Ursachen für die unterschiedlichen Entwicklungen könnten die unterschiedliche Höhenlage der beiden Wattgebiete oder das Vorhandensein einer Sedimentquelle für das Scharhörner Watt, die im Neuwerker Watt fehlt, dienen. Auch die mittlere Korngröße, die im Neuwerker Watt deutlich geringer ist als vor allem auf der Scharhörner Plate könnte eine Rolle spielen. Der Bau des Leitdammes an der Nordostgrenze des Untersuchungsgebietes könnte vielleicht kausal mit der Erosion im Neuwerker Watt in Zusammenhang gebracht werden, eine Erklärung für die Erosion im Wurster Watt könnte sie jedoch nicht bieten.

Zur Klärung der Frage, ob im Neuwerker Watt auch nach 1979 noch die Erosion vorherrschte, wurde eine topographische Aufnahme des Neuwerker Wattes vom WSA-Cuxhaven, Maßstab 1 : 20.000 von 1986 nach dem MORAN-Verfahren ausgewertet. Es stellte sich heraus, daß zwischen 1979 und 1986 eine Sedimentation von 11,3 cm stattgefunden hat, die die vorherige Erosion fast ausgleicht.
Wie SCHÜLLER (1990) für die Wattpriele des Neuwerk/Scharhörner Wattkomplexes nachgewiesen hat, gibt es aber zwischen den geodätischen Aufnahmen, Maßstab 1:10.000, die in den sechsiger und siebziger Jahren von der damaligen Forschungsstelle Neuwerk vermessen wurden und den topographischen Aufnahmen des gleichen Gebietes, Maßstab 1 : 20.000 vom WSA-Cuxhaven seit 1981, einen zunächst unerklärlichen Höhensprung um etwa 30 cm. Bei den topographischen Aufnahmen der 80er Jahre wurden allerdings Fehler bis zu 70 cm nachgewiesen (SCHÜLLER, 1990), was bedeuten würde, daß diese Karten unbrauchbar sind für die hier angestellten Untersuchungen. Damit sei nochmals auf eines der grundlegenden Probleme der morphologischen Küstenforschung hingewiesen, das der Kartengenauigkeit und -Vergleichbarkeit, das leider noch immer nicht zufriedenstellend gelöst werden konnte.

4.4.2 Wattpriele

Die Wattpriele sind die in das Hohe Watt eingeschnittenen Rinnen mit Wassertiefen bis etwa -6 m NN. Sie funktionieren als Be- und Entwässerungsrinnen des Hohen Wattes.
Die h_{ua}-Werte liegen um 71 cm, d.h. daß, obwohl lokal sicher Höhenänderungen bis 7 m auftreten können und auch werden, die mittleren maximalen Höhenänderungen viel niedriger ausfallen. Die Werte liegen jedoch viel höher als im Hohen Watt. Erstens konzentriert sich hier das Tidewasser, wodurch viel höhere T_{pot} vorherrschen (Tab. 2). Zweitens können lokal durch Wellenbeugung primäre Wellen in die mehr exponiert liegenden Wattpriele gelangen, wobei eine starke Seegangsenergieabgabe an den Prielrändern stattfindet (SIEFERT, 1974). Somit werden die Höhenänderungen nicht nur von den aperiodischen Sturmflutereignissen, sondern vielmehr von den täglich auftretenden Tideströmungen bedingt. Dies wird auch durch die viel höheren Umsatzraten belegt.
Wie auf dem Hohen Watt ist ß auch in den Wattprielen recht unterschiedlich, wobei die Werte auf der Nordseite des Wattes etwas geringer erscheinen als auf der Südseite (Abb 23b).
Die Bilanzwerte zwischen 1965 und 1979 streuen im Wattprielbereich um Null.
Die morphologischen Änderungen der Wattpriele des Neuwerk/Scharhörner Wattkomplexes zwischen 1965 und 1979 bzw. 1986 werden eingehend von SCHÜLLER (1990) behandelt.

4.4.3 Seegat Till

Südlich des Neuwerk/Scharhörner Wattkomplexes liegt das Seegat Till. Es läßt sich als Hauptbe- und Entwässerungsrinne eines Watteinzugsgebietes morphometrisch in ein Flut-Delta, ein Ebb-Delta und Haupttiderinnen (Oster- und Westertill) untergliedern.

Der gesamte Seegatbereich wird durch h_{ua}- von 235 cm und ß-Werte um 0,16 J^{-1} gekennzeichnet. Die sehr hohen h_{ua}-Werte werden durch das starke Relief verursacht, was dazu führt, daß geringe horizontale Verlagerungen der Rinne große Höhenänderungen an den Rändern bewirken. Die kleinen ß-Werte deuten auf eine langfristig gleichbleibende Tendenz hin, die gut an die von GÖHREN (1965) beschriebene säkulare, nordostgerichtete Verlagerung der Seegate zwischen Jade und Elbe anschließt.

Die Umsatzraten sind in den Teilbereichen des Seegates unterschiedlich:

- In den Haupttiderinnen liegen die Umsatzraten um 29 cm/J, etwa 1,8 Mal so hoch wie in den Wattprielen. Die T_{pot} liegen hier aber etwa 3,5 Mal höher (Tab. 2). Für diese unterschiedlichen Verhältnisse gibt es mehrere Erklärungen. Erstens ist die mittlere Korngröße in den Wattprielen deutlich geringer als in den Haupttiderinnen. Hierdurch wird v_{krit} in den Wattprielen etwas geringer sein. Dies wurde in der Berechnung der T_{pot} nicht berücksichtigt. Zweitens mäandrieren die Wattpriele viel stärker als die Haupttiderinnen. Dies bedeutet, daß sich in den Wattprielen an mehreren Stellen Prall- und Gleithänge bilden, was zwingend zu höheren Umsatzraten führen wird. Trotz höherer potentieller Transportkapazität ist es also durchaus möglich, daß der tatsächlich auftretende Transport (Umsatzrate) geringer ist. Drittens wird der Einfluß der Sturmfluten auf die Umsatzraten in den Wattprielen, vor allem an den Prielrändern und in den Prielwurzeln, bedeutend höher als in den Haupttiderinnen sein.

- Im Flut-Delta liegen die Umsatzraten um 43 cm/J. Hier münden die meisten Wattpriele, was dazu führt, daß der Stromstrich in den Rinnen sehr unregelmäßig verläuft. Es werden sich also (wie in den Wattprielen) an vielen Stellen Prall- und Gleithänge bilden. So wurde zum Beispiel im Bakenloch zwischen 1976 und 1979 an einem Prallhang (1.000 * 200 m) etwa 1.200.000 m^3 Sand erodiert, d.h. eine flächenhafte Vertiefung von 6 m, während an dem gegenüberliegenden Gleithang (1.000 * 200 m) etwa 800.000 m^3 Sand sedimentiert wurde.
- Das Ebb-Delta entspricht dem in Kap. 3 definierten Platenbereich. Es läßt sich, wie auch der Platenbereich, in einen exponierten und einen geschützten Teilbereich zweiteilen. Westlich des exponierten Teibereiches (Robben Plate) fehlt die sog. Wave Reformation Zone, wodurch der primäre Seegang direkt bis an die Platenränder gelangen kann. Vor dem geschützten Teilbereich (Höhenhörn Sände) ist die Wave Reformation Zone dagegen vorhanden. Zweitens passiert mit jeder Tidephase fast zweimal soviel Tidewasser die Robben Plate als die Höhenhörn Sände (SIEFERT, 1976), was zu viel höheren T_{pot} führt. Diesen hydrologischen Unterschied findet man in den unterschiedlichen Umsatzraten (44 resp. 20 cm/J) der beiden Teilbereiche wieder. Die sehr hohen Umsatzraten im exponierten Teilbereich werden teilweise durch die starken Verästelung des Bereiches (Prall- und Gleithangbildung) in Kombination mit den sehr hohen T_{pot}, teilweise aber auch durch die relativ starke Seegangsenergieabgabe auf den Platen verursacht.

Der gesamte Seegatbereich unterliegt zwischen 1965 und 1979 deutlich der Erosion, wobei sie sich vor allem zwischen 1976 und 1979 konzentriert. Diese Entwicklung läßt sich gut anhand des Parameters topographische Ungleichförmigkeit U (Höhe der 10% höchsten minus Höhe der 10% tiefsten Teilflächen einer Einheit) darstellen. Dieser Parameter vermittelt einen Eindruck über die Stärke des Reliefs. Es ist wahrscheinlich, daß die Zunahme der Reliefs in der zweiten Hälfte der 70er Jahre kausal mit der gleichzeitig stattfindenden starken Tidehubzunahme (Abb. 10) zusammenhängt. In Abb. 26 ist von 1965 bis 1986 die MThb-Entwicklung gegen die U-Entwicklung im Ostertillbereich ausgesetzt, wobei die 1965-Werte jeweils auf 100% angenommen wurden. Zwei Punkthäufungen sind deutlich zu erkennen. Der erste Punkthaufen enthält die Werte von 1965 bis 1976, während der zweite Haufen, mit deutlich höheren Werten, die von 1979 bis 1986 enthält. Dies deutet daraufhin, daß zwischen MThb und U ein enger kausaler Zusammenhang existiert. Zwischen 1965 und 1976 blieb der MThb relativ konstant, wodurch auch U relativ konstant blieb. In den nächsten fünf Jahren aber, nahm der MThb sehr stark zu, was zu einer Ausräumung bzw. einer U-Zunahme im Ostertillbereich führte. Seit etwa 1980 hat sich die MThb auf ein neues, höheres Niveau eingependelt, wodurch sich auch U auf ein höheres Niveau stabilisierte. Für die 80er Jahre wurden die Kartenaufnahmen des WSA-Cuxhaven, Maßstab 1 : 20.000 benutzt. Wie bereits erwähnt wurde können bei diesen Aufnahmen Fehler bis zu 0,7 m auftreten. Auf eine mittlere topo-

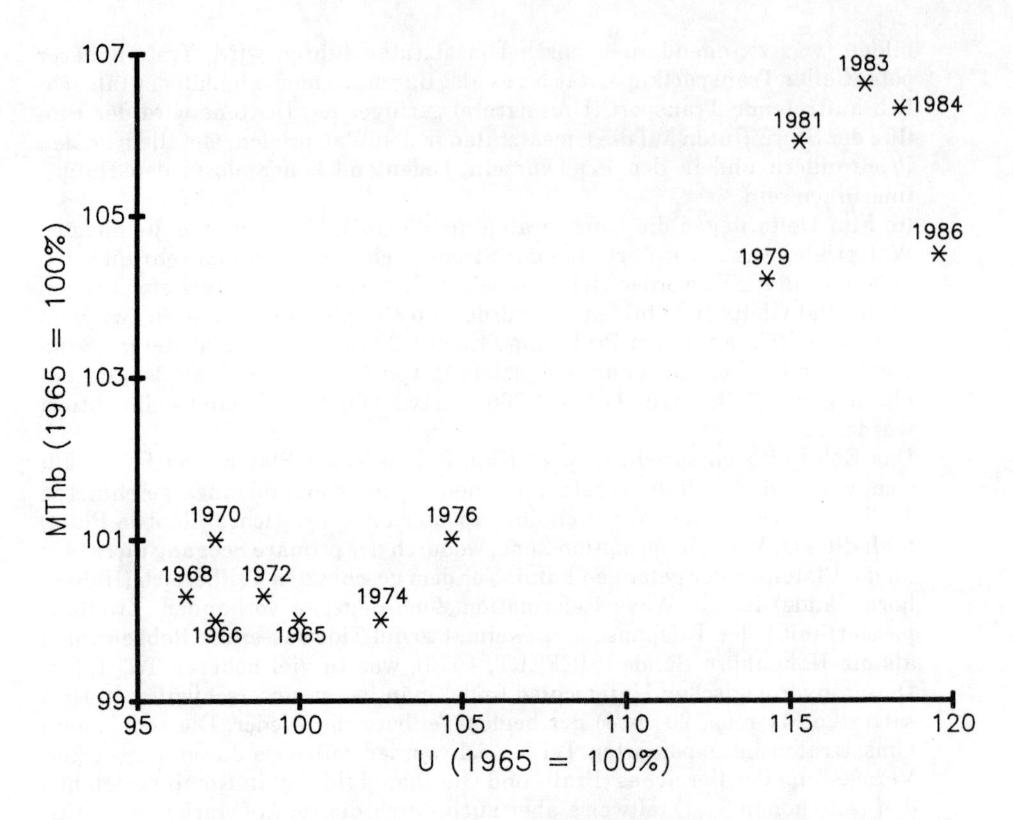

Abb. 26: Korrelation zwischen der mittleren Tidehubentwicklung MThb und der Entwicklung der topographischen Ungleichförmigkeit U von 1965 bis 1986.

graphische Ungleichförmigkeit U von etwa 13,8 m könnte dies zu einem maximalen Fehler von etwa 5% in der Berechnung der U-Werte führen. Die Aufnahmefehler sind überdies immer positiv, was bedeutet, daß eine Korrektur immer in noch höheren U-Werten für die 80er Jahre resultieren würde.

4.4.4 Küstenvorfeld

Dieser Bereich umfaßt das Gebiet westlich des Wattsockels außerhalb der Haupttiderinne Westertill. Die obere Grenze liegt im untersuchten Gebiet etwa bei -6 m NN (Wellenbasis). Somit ist dieser Bereich deckungsgleich mit der hydrodynamisch definierten Transition Zone (Kap. 3).
Der Bereich ist gekennzeichnet durch mittlere h_{ua}- (90 cm), mittlere ß- (0,23 J^{-1}) und mittlere h_{ua}/a_0-Werte (21 cm/J).
Die Materialumlagerungen werden hier fast ausschließlich durch die Tideströmungen verursacht. Obwohl die T_{pot} vergleichbar sind mit der der Tiderinnen (Tab. 2) liegen die Umsatzraten deutlich unter den der Haupttiderinnen. In diesem Bereich fehlt die Rinnenstruktur, wodurch überhaupt keine Prall- und Gleithangbildung

möglich ist. Die Reliefarmut führt dazu, daß der Wasserkörper nur unmittelbar an der Sohle angreifen kann.

Die Bilanzwerte streuen trotz der Flutstromdominanz um Null. Es muß also eine Materialquelle außerhalb des Bereiches vorhanden sein, die dem küstenwärtigen Materialexport ausgleicht. Es liegt nahe, diese in der ostwärtsgerichteten "Longshore Drift" entlang der West- und Ostfriesischen Inseln zu suchen.

4.4.5 Randwatt

Das Randwatt ist die äußere Zone des Wattsockels. Es läßt sich topographisch in eine reliefreiche Außen- und eine reliefarme Innenzone untergliedern. Die untere Grenze der Außenzone formt den schon erwähnten Profilknick um -6 m NN, die obere Grenze der Innenzone liegt um MTnw. Das Randwatt ist somit identisch mit der hydrodynamisch definierten Shoreface (Kap. 3), wobei die Außenzone der Äußeren Breaker Zone und die Innenzone der Wave Reformation Zone entspricht.

Auch morphodynamisch läßt sich das Randwatt in eine Außen- und Innenzone zweiteilen:

- Die Außenzone ist etwa 1,5 km breit und weist Wassertiefen zwischen -6 und -2 m NN auf. Sie wird durch mittlere h_{ua}- (86 cm), sehr große ß- (0,56 J^{-1}) und sehr hohe h_{ua}/a_0-Werte (48 cm/J) gekennzeichnet.
  Diese ausgeprägte Morphodynamik läßt sich folgenderweise erklären. An der Wellenbasis werden Sandbänke ("Longshore Bars"; REINECK & SINGH, 1980, VAN ALPHEN & DAMOISEUX, 1987) geformt. Diese Sandbänke verlagern sich ostwärts, wodurch sich an der Wellenbasis neue Bänke bilden können. Wie diese Bänke genau geformt werden bzw. welche Voraussetzungen erfüllt werden müssen damit sich eine Bank bilden kann, ist bisher noch weitgehend ungeklärt (CARTER, 1988). Nach etwa 1,5 km erreichen die Bänke die Ausläufer der Ebberinne Robbenloch, und das Material, das an dem Leehang herunterwirbelt, wird durch die Ebbeströmung weitertransportiert. Die h_{ua}-Werte von etwa 86 cm geben einen Hinweis auf die Höhe der durchziehenden Bänke. Die sehr großen ß-Werte deuten auf einen ständigen Wechsel von Sedimentation zur Erosion und umgekehrt hin, was sich gut mit sich schnell verlagernden Sandbänken verknüpfen läßt. Die sehr hohen Umsatzraten schließlich deuten auf eine hohe Scherbeanspruchung hin, wie es in dieser Äußeren Breaker Zone vorgegeben ist. Die nordwestwärts orientierten Ebberinnen des Robbenloches biegen auf dem Scharhörnriff scharf nach Westen ab, wobei sie die Außenzone durchbrechen. Somit entsteht hier eine ähnliche Lage wie an einem sublitoralen Strandprofil, wo die Sandbänke in regelmäßigen Abständen durch sog. Rippströme durchbrochen werden. Der seegangsbedingte Wasserüberschuß am Strand wird durch diese Rinnen wieder abtransportiert. In der Außenzone funktionieren die Durchbruchrinnen ähnlich, wobei zudem ein Teil des Bänkematerials wieder im Richtung Wellenbasis transportiert werden kann. Somit entsteht eine Art Materialkreislauf.
- Die Innenzone des Randwattes schließt landseitig an die Außenzone an. Sie ist eine etwa 3,5 km breite Zone, gekennzeichnet durch mittlere h_{ua}- (117 cm),

kleine ß- (0,16 J^{-1}) und mittlere h_{ua}/a_0-Werte (19 cm/J). Die relativ hohen hu-Werte werden wahrscheinlich durch Verlagerungen der Tiderinnenausläufer verursacht. Die kleinen ß-, sowie die mittleren h_{ua}/a_0-Werte deuten daraufhin, daß sich in dieser Zone keine oder kaum Sandbänke bilden und verlagern, wie in der Außenzone oder im Brandungswatt (s.u.). Das Fehlen der Sandbänke deutet wiederum daraufhin, daß in dieser Zone kaum Seegangsenergie umgewandelt wird.

Die Bilanzwerte streuen im Randwatt zwischen 1965 und 1979 um Null. Da auch dieser Bereich flutstromdominiert ist, wird konsequenterweise das Material aus dem Küstenvorfeld, trotz des inneren Kreislaufes in der Außenzone, insgesamt über dem Randwatt ostwärts in Richtung Brandungswatt weitertransportiert werden. Auch die großen Materialmengen aus dem Seegatbereich, zwischen 1965 und 1979 etwa 12,5 Mio. m^3, sind demnach nicht auf dem Randwatt sedimentiert. Ein Teil dieses Materials dürfte auf das Scharhörner Watt gelangt sein, zum größten Teil wird es aber nordwärts über das Randwatt in die Elbe hinein verfrachtet worden sein.

4.4.6 Brandungswatt

Das Brandungswatt liegt direkt westlich der Scharhörner Plate zwischen MTnw und Mthw (eulitoraler Bereich). Somit ist es identisch mit der Foreshore der internationalen Strandprofilterminologie (Kap. 3).
In dieser etwa 3 km breiten Zone werden gleichzeitig bis zu fünf Brandungsbänke unterschieden. Nach GÖHREN (1975) verlagern sich diese Bänke als Gesamtform durch Erosion am Luvhang und Sedimentation am Leehang. Damit existiert hier eine Form der Bänkemigration, die nach CARTER (1988) nur an sog. "low-wave energy, meso-tidal" Küsten stattfindet. Während des "Auftauchprozesses" verlangsamt sich die Verlagerung der Sandbänke, wodurch nachfolgende Bänke die älteren einholen, und sich mit ihnen vereinigen können. Letztendlich schließen die Bänke sich an die Scharhörner Plate an (GÖHREN, 1975).

Das Brandungswatt wird durch mittlere h_{ua}- (84 cm), mittlere ß- (0,3 J^{-1}) und mittlere h_{ua}/a_0-Werte (26 cm/J) gekennzeichnet.
Die hu-Werte entsprechen in etwa der Höhe der durchziehenden Brandungsbänke. Die ß-Werte sind relativ hoch, was auf einen kurzfristigen Wechsel der Tendenzen hindeutet. Die große Verlagerungsgeschwindigkeit der Brandungsbänke, 1.300 m in 10 Jahren (GÖHREN, 1971), bestätigt diese Aussage. Es zeigt sich also, daß im Brandungswatt und in der Außenzone des Randwattes in etwa die gleichen morpho- und hydrologischen Prozesse vorherrschen. Die Umsatzraten sind im Brandungswatt jedoch nur etwa halb so hoch wie in der Außenzone des Randwattes. Dies leuchtet ein, wenn man bedenkt, daß sich während ruhiger Wetterlagen in der Außenzone 83 % und im Brandungswatt nur 17 % des primären Seeganges umwandelt (Tab. 3). Dazu kommt noch, daß auch die T_{pot} im Brandungswatt deutlich geringer sind als im Randwatt (Tab. 2). Dieser energetische Unterschied wird teilweise durch sturmflutbedingte Triftströmungen im Brandungswatt ausgeglichen, die hier in Kombination mit dem Sturmflutseegang große Umlagerungen verursachen können.

Das Brandungswatt unterliegt zwischen 1965 und 1979 der Erosion. Eine mögliche Erklärung könnte die Zunahme der Sturmflutintensität sein (SIEFERT, 1982). Sturmfluten verursachen eine Ausräumung im oberen Strandbereich, was u.a. zu einer Abnahme der Böschungsneigung im eulitoralen Bereich führt (CHRISTIANSEN, 1976). Tatsächlich hat sich seit 1965 die MTnw-Linie westlich der Scharhörner Plate kaum verlagert, während die Scharhörner Plate bzw. die MThw-Linie sich bis 1979 um fast 500 m nach Osten verlagerte. Die ostwärtige Verlagerung der Scharhörner Plate könnte somit auch eine Folge der schon seit Mitte des letzten Jahrhunderts und verstärkt seit etwa 1960 zunehmenden Sturmflutintensität sein. Das während Sturmfluten entlang der Westkante der Scharhörner Plate erodierte Material wird demnach mit dem Triftstrom über die Plate verfrachtet und gelangt an der Rückseite der Plate wieder zur Ablagerung.

4.4.7 Elb-Ästuar

Der Nordrand des untersuchten Gebietes wird durch die Südflanke des Elb-Ästuars gebildet. Westlich von Scharhörn kann der Höhenunterschied auf eine Strecke von 200 m über 20 m betragen. Dieser Bereich wird duch mittlere h_{ua}- (84 cm), sehr große ß- (0,53 J^{-1}) und sehr hohe h_{ua}/a_0-Werte (44 cm/J) gekennzeichnet.
Obwohl die T_{pot} vergleichbar sind mit denen der Haupttiderinnen, ist die Umsatzrate entlang der Südflanke des Elb-Ästuars etwa 1,5 Mal höher. Dies wird wahrscheinlich durch den starken Materialimport aus dem Randwatt (s.o.) verursacht.
Die h_{ua}- und ß-Werte unterscheiden sich grundlegend von denen der Haupttiderinnen.
Die sehr großen ß-Werte deuten auf das Fehlen einer säkularen Entwicklung hin, die für den Seegatbereich einwandfrei nachgewiesen worden ist (GÖHREN, 1965). Alte Seekarten belegen dagegen, daß die Südflanke der Elbe westlich von Scharhörn schon seit Jahrhunderten in seiner heutigen Lage verharrt (siehe auch Kap. 2.4).
Die nur mittleren h_{ua}-Werte deuten daraufhin, daß die Gesamttopographie des Gebietes relativ stabil ist.

Zwischen 1965 und 1979 unterliegt der Bereich insgesamt einer starken Erosion (38% des h_{ua}-Wertes), wobei die Erosion vor allem im höheren Bereich stattfindet. Ein Teil der h_{ua}-Werte ist somit auf diese negative Bilanz zurückzuführen, wodurch die Durchschnittshöhe der Großrippeln geringer als 84 cm sein wird.
Das Material aus dem Seegatbereich, das nach GÖHREN (1971) nordwärts über das Scharhörnriff verlagert wird, wird also auch hier weitertransportiert. Da an der Südflanke der Elbe die Flutströmung deutlich dominiert, kann man davon ausgehen, daß das Material sich stromaufwärts, im Richtung des Neuwerker Fahrwassers und der Mittelgründe, bewegt.
Ein Teil des Materials wird nordwestlich von Neuwerk, im Mündungsbereich der Hundebalje, abgelagert. Dies hat dazu geführt, daß die Hundebalje Ende der siebziger Jahre die Mündung der Scharhörnbalje angezapft hat. Somit gibt es seit 1979 nur noch ein Prielsystem zwischen Scharhörn und Neuwerk, das das Scharhörner Watt nach Norden hin be- und entwässert. Der Name dieses "neuen" Priels, der sich aus dem alten Mündungsbereich der Scharhörnbalje, sowie dem Oberlauf der alten Hundebalje zusammensetzt, ist Hundebalje. Somit sei nochmals auf die

komplexe Namensführung im Wattenmeer aufmerksam gemacht (siehe auch Kap. 2.4 bzw. LANG, 1970).
Teilweise wird das Material auch im Neuwerker Fahrwasser abgelagert. Ob ein weiterer Teil des Materials im Bereich der Mittelgründe und des Lüchtergrundes quer durch die Elbe in Richtung Vogelsand wandert, ist (noch) nicht geklärt.

4.4.8 Anthropogen beeinflußte Gebiete

Ein Teil des untersuchten Gebietes ist deutlich durch menschliche Eingriffe beeinflußt. Diese Gebiete sind immer einzeln zu bewerten, weil das Eingreifen jedesmal quantitativ und qualitativ unterschiedlich sein kann. Im Neuwerk/Scharhörner Wattkomplex wurden die künstlichen Störungen durch die Verklappungen großer Baggermengen aus der Elbe im Neuwerker Fahrwasser und durch den Bau des Leitdammes an der Nordgrenze des untersuchten Gebietes verursacht.
Die Verklappungen im Neuwerker Fahrwasser führten zu sehr hohen h_{ua}- (357 cm), sehr kleinen ß-Werten (0,09 J^{-1}) und zwischen 1965 und 1979 zu stark positiven Bilanzwerten (225 cm). Das Baggermaterial blieb erwartungsgemäß im Neuwerker Fahrwasser, das seit dem Bau des Leitdammes zur Sedimentfalle geworden ist.

Photo 3: Luftbild vom Neuwerk/Scharhörner Wattkomplex bei Hochwasser in Richtung Küste. Im Vordergrund ist die Scharhörner Plate (noch ohne die zweite Vogelinsel Nigehorn) zu erkennen (Aufnahme Ref. Hydrologie Unterelbe).

Der Bau des Leitdammes hat nach GÖHREN (1970) dazu geführt, daß die morphologische Aktivität des Buchtloches stark zunahm. Dies wird auch deutlich, wenn man die relativ hohen h_{ua}- (109 cm) und h_{ua}/a_0-Werte (24 cm/J) der Prielsysteme Buchtloch und Eitzenbalje betrachtet. Die beiden Priele unterliegen zwischen 1965 und 1979, wie das gesamte Neuwerker Watt, der Erosion. Die im Neuwerker Fahrwasser verklappten Baggermengen werden demnach nicht prielaufwärts transportiert. Die Erosionen werden wahrscheinlich mit dem Bau des Leitdammes zusammenhängen.

Als drittes Beispiel menschlichen Eingreifens kann das Aufspülen der zweiten Vogelinsel Nigehörn in 1989 direkt südlich von Scharhörn genannt werden. Es wird interessant sein, die Folgen dieser Aufspülung anhand des MORAN-Auswerteverfahrens zu analysieren.

4.5 Diskussion

Die in dieser Arbeit durchgeführte morphodynamische Untergliederung des Neuwerk/Scharhörner Wattkomplexes unterscheidet sich zum Teil erheblich von den von SIEFERT (1987) definierten Teilgebieten (Tab. 6). Dies hat folgende Gründe:

- Die Teilgebiete sind teilweise unterschiedlich definiert;
- Die Anzahl der für die Berechnung miteinbezogenen Kleinen Einheiten liegt bei SIEFERT meist erheblich niedriger;
- Die von SIEFERT zur Berechnung der morphologischen Parameter benutzten Kleinen Einheiten sind wegen ihrer charakteristischen Lage ausgewählt worden. Dies bedeutet, daß die Kleinen Einheiten, die an den zeitlich und räumlich fließenden Grenzen zwischen unterschiedlichen Teilgebieten liegen, nicht miteinbezogen wurden. In der vorliegenden Arbeit ist dagegen der gesamte Wattkomplex zur Berechnung der Parameter berücksichtigt worden. Hierdurch nimmt die Streuung der Einzelwerte zwar zu, es entsteht aber ein mehr repräsentatives Bild.

In der vorliegenden Arbeit ist der Neuwerk/Scharhörner Wattkomplex in eine größere Anzahl von Teilgebieten untergliedert worden als es bei SIEFERT (1987) der Fall ist. Dies war erforderlich aufgrund der großen Streuung der Kennwerte (s.o.) innerhalb mancher von SIEFERT definierter Teilgebiete. Das Randwatt laut SIEFERT wurde in Anlehnung an die internationale Strandprofilterminologie in eine äußere (Breaker) und eine innere (Wave Reformation) Zone untergliedert. Der Wattstrombereich laut SIEFERT entspricht den in dieser Arbeit formulierten Haupttiderinnen des Seegatbereiches. Das Seegat umfaßt zusätzlich das Flut- und Ebb-Delta, wobei das Ebb-Delta wiederum in einem exponiert liegenden und in einem geschützt liegenden Teilbereich zergliedert wurde. Das exponiert liegende Ebb-Delta entspricht dem Platenbereich laut SIEFERT. Das Tiefere Wasser vor dem Watt laut SIEFERT liegt weitgehend in der Elbmündung und wurde deswegen in Elb-Ästuar umbenannt. In Ergänzung zu SIEFERT wurden noch zwei Teilgebiete definiert: das Küstenvorfeld und die Anthropogen beeinflußten Gebiete.

Tab. 6: Vergleich der morphologischen Parameter asymptotische Umsatzhöhe h_{ua}, morphologische Varianz ß und Umsatzrate h_{ua}/a_0 von Teilbereiche des Neuwerk/Scharhörner Wattkomplexes nach SIEFERT (1987) und nach HOFSTEDE (1990).

Parameter	SIEFERT (1987)		HOFSTEDE (dieser Arbeit)
	Brandungsfreies Watt		Hohes Watt
d(MThw)	$d < 2$	(m)	$d < 2$
n*	19	(km²)	54
h_{ua} (± 0**)	20 ± 8	(cm)	28 ± 15
a_0	4,0 ± 0,9	(J)	5,2 ± 2,8
h_{ua}/a_0	4,6 ± 1,6	(cm/J)	5,3 ± 2,7
	Kleine Einheiten mit Prielen		Wattpriele
d(MThw)	$2 < d < 5$		$2 < d < 8$
n*	16		18
h_{ua}	45 ± 23		71 ± 35
a_0	4,1 ± 1,4		4,3 ± 2,3
h_{ua}/a_0	11,3 ± 6,6		16,4 ± 8,7
	Brandungswatt		Brandungswatt
d(MThw)	$1 < d < 4$		$0 < d < 3$
n*	12		12
h_{ua}	41 ± 17		84 ± 41
a_0	3,9 ± 1,2		3,3 ± 2,3
h_{ua}/a_0	10,8 ± 4,0		25,5 ± 14,1
	Randwatt		Randwatt (Außen- + Innenzone)
d(MThw)	$4 < d < 10$		$3 < d < 7,5$
n*	20		49
h_{ua}	66 ± 22		114 ± 48
a_0	3,2 ± 1,2		5,7 ± 2,6
h_{ua}/a_0	21,3 ± 6,7		22,1 ± 7,8
	Tieferes Wasser vor dem Watt		Elb-Ästuar
d(MThw)	$6 > 10$		$d > 8$
n*	9		30
h_{ua}	64 ± 16		84 ± 33
a0	2,0 ± 0,7		1,9 ± 1,0
h_{ua}/a_0	34,6 ± 9,7		43,9 ± 12,4
	Wattströme		Haupttiderinnen
d(MThw)	$d > 8$		$d > 8$
n*	6		13
h_{ua}	140		212 ± 126
a_0	5,0		7,3 ± 3,1
h_{ua}/a_0	30,0		31,1 ± 6,5
	Platenbereich		Ebb-Delta, exponiert
d(MThw)	$2 < d < 13$		$1 < d < 16$
n*	22		37
h_{ua}	245 ± 90		273 ± 129
a_0	6,6 ± 3,1		6,2 ± 3,4
h_{ua}/a_0	39,1 ± 12,0		44,1 ± 13,2

*: n = Anzahl der Kleinen Einheiten
**: o = Standardabweichung

In Tab. 7 sind für die Teilbereiche, wo dies möglich ist, die morphodynamischen und die hydrologischen Parameterwerte gemeinsam aufgelistet worden.

Tab. 7: **Morphologische und hydrologische Parameter für verschiedene Teilbereiche des Neuwerk/Scharhörner Wattkomplexes.**

Teilgebiete	h_{ua} (cm)	ß (J-1)	h_{ua}/a_0 (cm/J)	Seegangsleistung (W/ha	T_{pot} (m)
Küstenvorfeld bzw.Transition Zone	90	0,23	20,5	0	7440
Randwatt, Außenzone bzw. Äußere Breaker Zone	86	0,56	47,8	315	3350
Randwatt, Innenzone bzw. Wave Reformation Zone	117	0,16	19,2	0	2520
Brandungswatt bzw.Foreshore	84	0,30	25,5	84	555
Hohes Watt	28	0,19	5,3	0	380
Wattpriele	71	0,20	16,4	gering	2040
Haupttiderinnen bzw. Rinnenbereich	212	0,14	29,1	0	7070
Elb-Ästuar bzw. Elb-Mündung, Flutstromdominanz	84	0,53	43,9	0	8100

Der Vergleich macht deutlich, daß es keinen einfachen linearen Verband zwischen den einwirkenden Energien aus Seegang und Strömung und der daraus resultierenden Materialumlagerungen gibt.

Obwohl die potentielle Transportkapazität in den strömungsdominierten Bereichen Küstenvorfeld, Haupttiderinnen und Elb-Ästuar etwa gleich ist, unterscheiden sich die Umsatzraten (21, 29 und 44 cm/J resp.) signifikant. Diese unterschiedlichen Umsatzraten lassen sich mit Hilfe der Topographie und dem Sedimentangebot erklären. Im Küstenvorfeld fließt der Wasserkörper ungestört über die Sohle, d.h. die Rinnentopographie fehlt, wodurch der Wasserkörper nicht gezwungen wird zu mäandrieren und sich keine Angriffsflächen für Erosion bzw. Beruhigungszonen für Sedimentation bilden. Somit ist die Umsatzrate hier relativ gering.
Im Elb-Ästuar dagegen, wird der (Flut)Wasserkörper durch die Corioliskraft gegen die Nordflanke des Scharhörnriffs gezwungen, wodurch sich eine stabile Angriffsfläche bildet. Dieser Erosion wird aber ständig durch eine Sedimentzufuhr über dem Scharhörnriff entgegengewirkt. Diese beiden Mechanismen zusammen erklären die sehr hohen Umsatzraten in diesem Teilbereich.
Weitere Faktoren, die noch berücksichtigt werden sollen, sind der Sedimenthaushalt und die Besiedlung. Diese Faktoren beeinflussen direkt die Scherfestigkeit und somit die Widerstandskraft des Sandkörpers gegen die Erosion.
Auch in den seegangsdominierten Teilbereichen Randwatt, Außenzone und Brandungswatt gibt es zwischen den einwirkenden Energien aus Seegang und den daraus

resultierenden Umlagerungen keinen linearen Verband. Obwohl die Leistungsabgabe in der Außenzone des Randwattes viermal so hoch ist wie im Brandungswatt, ist die Umsatzrate hier nur doppelt so hoch. Mit zunehmender Leistungsabgabe wird demnach ein größerer Teil der Seegangsenergie in anderen Prozessen (Reibung, Perkolation, usw.) umgewandelt.
Es soll allerdings berücksichtigt werden, daß die morphodynamischen und hydrologischen Kennwerte keine richtige Quantifizierung darstellen, sondern nur als Indikatoren betrachtet werden können.

Generell zeigt sich aber, daß die Umsatzraten dort am höchsten sind, wo die Scherbean-spruchung am höchsten ist. Die geringsten Umsatzraten werden erwartungsgemäß auf dem Hohen Watt ermittelt. Hier ist bei Normalwetterlagen die Seegangsenergieabgabe minimal, während die von den Tideströmungen hervorgerufenen Materialtransporte das Sediment nur intern, d.h. innerhalb des Hohen Wattes, umlagern. Nur während Sturmfluten können auf dem Hohen Watt signifikante Umlagerungen gemessen werden.

5 ZUR ANWENDUNG DES MORAN-AUSWERTUNGS-VERFAHRENS IN ANDEREN GEBIETEN

5.1 Vorbemerkungen

Die detaillierten Untersuchungen im Neuwerk/Scharhörner Wattkomplex scheinen die Aussagekraft des MORAN-Auswertungsverfahrens zu bestätigen. Es wurde aber als notwendig empfunden, das Verfahren auch in anderen Gebieten anzuwenden, um somit eventuelle Fehler des Verfahrens korrigieren und die Allgemeingültigkeit der erzielten Parameterwerte überprüfen zu können. Diese Gebiete müssen folgende Voraussetzungen erfüllen:

- die Hydrodynamik der Gebiete soll ähnlich wie im Neuwerk/Scharhörner Wattkomplex sein;
- es müssen genügend topographische Aufnahmen mit einem möglichst großen Maßstab (etwa 1 : 1 0.000) vorliegen;
- die Gebiete sollen möglichst wenig anthropogen beeinflußt sein, bzw. die anthropogenen Einflüsse sollen abschätzbar sein.

Es zeigte sich, daß sich vor allem die zweite Voraussetzung nur selten erfüllen läßt.

5.2 Der Elb-Randbereich Brammerbank/Krautsander Watt

Die Voraussetzungen (s.o.) werden im Bereich Brammerbank/Krautsander Watt in der Unterelbe (km 675 bis 681) erfüllt (Abb. 1 u. 27). Erstens ist die Hydrodynamik dieses Gebietes ähnlich wie die des geschützt liegenden Platenbereiches (Kap. 3.5) im Neuwerk/Scharhörner Wattkomplex. Zweitens stehen aus diesem Bereich neun topographische Aufnahmen (1 : 10.000) aus der Periode 1970 bis 1987 zur Verfügung, wofür dem WSA Hamburg und vor allem Herrn Dr. H.-J. Dammschneider herzlichst gedankt wird. Drittens ist dieses Gebiet nach DAMMSCHNEIDER (1988) ein weitgehend von Menschen unbeeinflußter Naturraum. Als zusätzlicher Vorteil soll noch erwähnt werden, daß dieses Gebiet in den letzten Jahren schon eingehend hydro- und morphodynamisch untersucht worden ist (DAMMSCHNEIDER, 1988; SAMU, 1987). Dadurch konnte eine vergleichende Bewertung der Arbeitsmethoden durchgeführt und kausale Zusammenhänge zwischen der Morpho- und Hydrodynamik herausgearbeitet werden.

5.2.1 Lage und Morphologie des Untersuchungsgebietes

Das Gebiet liegt im Randbereich der Unterelbe (km 675 bis 681) und umfaßt einen etwa 10 km^2 großen Abschnitt zwischen dem Ufer und dem künstlich tiefgehaltenen Hauptelbefahrwasser (Abb. 27). Somit sind drei topographisch/morphologische Einheiten gegliedert: die Brammerbank, das Krautsander Watt und die Wischhafener Nebenelbe inklusive des Wischhafener Fahrwassers. Die Morphodynamik des Sandbank/Rinnensystems wird von zwei einander überlagernden hydrologischen Mechanismen geprägt SAMU (1987). Der erste Mechanismus ist die durch die Corolisbeschleunigung induzierte Rechtsablenkung der Ebbe- und Flutströmung, wodurch

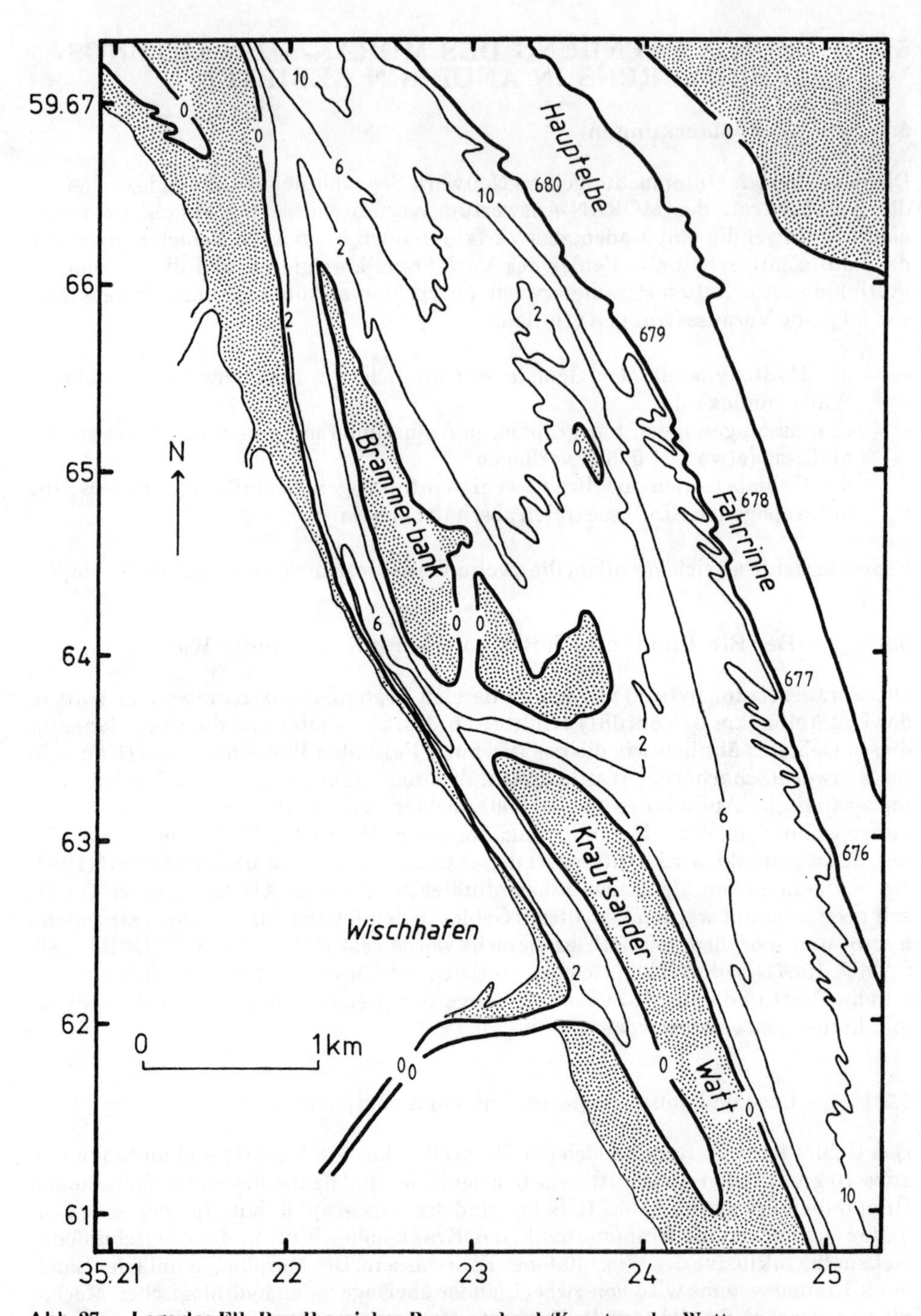

Abb. 27: Lage des Elb-Randbereiches Brammerbank/Krautsander Watt.

es in der Mitte des Strömungskreises, d.h. in der Beruhigungszone, zu Ablagerungen kommen kann. Nach DAMMSCHNEIDER & FELSHART (1987) reicht der zweite Mechanismus die natürlichen internen Schwingungsvorgänge oder die Mäanderbildung aus, um die Morphologie des Systems eigendynamisch zu gestalten.
Aus dem oben Genannten geht hervor, daß das Gebiet hydrodynamisch aus zwei Systemen besteht: dem Strömungs- und dem Strömungsschattenbereich. Um dieser unterschiedliche Hydrodynamik gerecht zu werden, wurde das Gebiet in zwei Teilbereiche untergliedert: der Rinnenbereich unterhalb SKN (8,5 km^2) und der über SKN herausragende Bankenbereich (1,5km^2). Der Bankenbereich besteht nur aus den stabilen Kernen der Brammerbank und des Krautsander Watts, d.h. jenen Gebieten, die zwischen 1970 und 1987 kontinuierlich über SKN herausragten. Dies bedeutet, daß von der im Neuwerk/Scharhörner Wattkomplex benutzten quadratischen Grundform "Kleine Einheit" von 1 km^2 abgewichen wurde.

5.2.2 Auswertungsverfahren

Auch im Bereich Brammerbank/Krautsander Watt wurde die Methode der flächenhaften quantitativen Auswertung von Tiefenplänen nach dem MORAN-Prinzip angewendet. Für die Auswertungen wurden die Hauptpeilungen der Unterelbe (1970, 1973, 1974, 1977, 1979, 1981, 1985, 1986 und 1987) im Maßstab 1 : 10.000 des WSA Hamburg herangezogen. Die Genauigkeitsgrenze der Vermessungen liegt nach SAMU (1987) etwa bei ± 1 dm. Über jeder der topographischen Aufnahmen wurde ein Raster von Quadraten mit 100 m Seitenlänge - orientiert am Gauss-Krüger-Netz - gelegt. Für jede dieser Teilflächen (1 ha) wurde manuell ein mittlerer Tiefenwert eingelesen, d.h., pro Aufnahme wurden insgesamt etwa 1.000 Tiefenwerte eingelesen. Davon entfielen jeweils etwa 850 Werte auf den Rinnenbereich und 150 auf den Bankenbereich. Für die beiden Teilbereiche wurde pro topographischen Vergleich jeweils ein mittlerer Bilanz- h_b (cm) und ein mittlerer Umsatzwert h_u (cm) errechnet. Somit konnten pro Teilbereich insgesamt 36 Umsatz- und 36 Bilanzwerte über den Vergleichszeitraum a = 1 J (1973/74, 1985/86 und 1986/87) bis a = 17 J (1970/87) erzielt werden. Anhand der 36 Umsatzwerte wurden schließlich zwei Sättigungsfunktionen und die Parameter h_{ua}, ß und h_{ua}/a_0 für die beiden Teilbereiche ermittelt (Abb. 28).

5.2.3 Ergebnisse

Das Ziel dieser Untersuchung lag unter anderem darin, die im Neuwerk/Scharhörner Wattkomplex erzielten Parameterwerte in hydrodynamisch ähnlichen Gebieten zu überprüfen. Bisherige Untersuchungen im Bereich Brammerbank/Krautsander Watt (DAMMSCHNEIDER, 1988; SAMU, 1987) deuten darauf hin, daß dieses Gebiet dem gechützt liegenden Platenbereich (Ebb-Delta, geschützt) im Neuwerk/ Scharhörner Wattkomplex hydrodynamisch ähnelt.
Aus Tab. 8 geht hervor, daß die beiden Gebiete auch morphodynamisch gut korrelierbar sind. Die etwas höheren h_{ua}- und h_{ua}/a_0-Werte im Bereich Brammerbank/ Krautsander Watt lassen sich wahrscheinlich durch die hohen positiven Bilanzwerte in diesem Bereich erklären. Es zeigt sich nämlich, daß der Bereich einer star-

ken morphologischen Änderung während des Vergleichszeitraumes unterliegt. Die säkulere Änderung in dem geschützt liegenden Ebb-Delta dagegen verläuft viel langsamer.

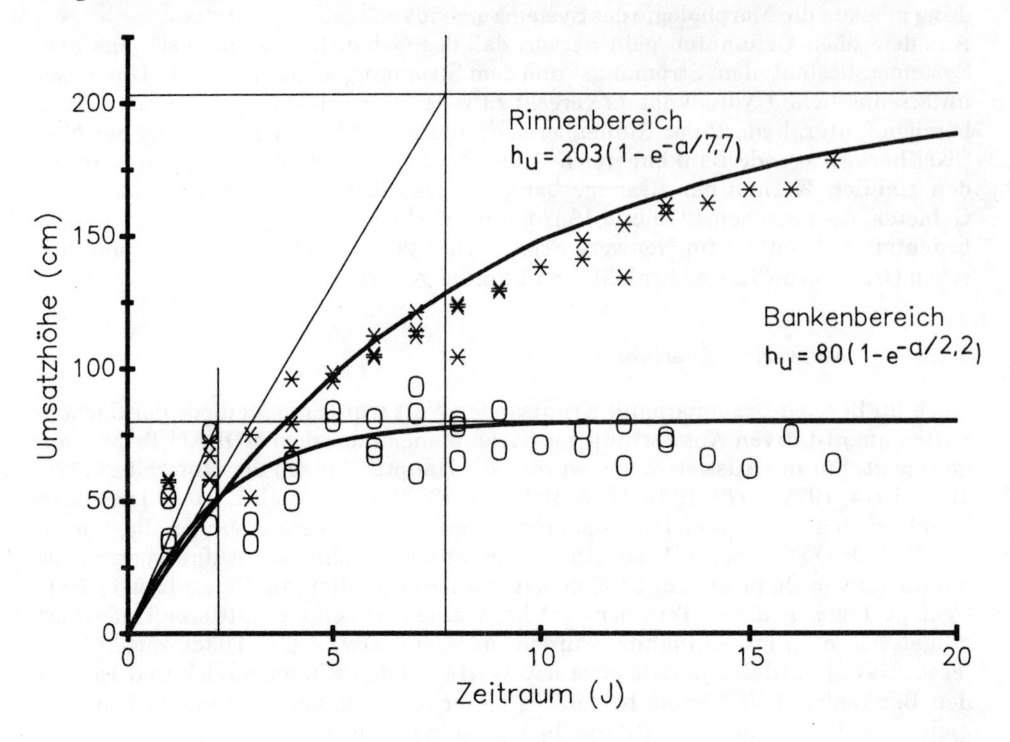

Abb. 28: **Umsatzhöhen hu über den Vergleichszeitraum a für die Teilgebiete Rinnenbereich (*) und Bankenbereich (0) des Elb-Randbereiches Brammerbank/Krautsander Watt.**

5.2.3.1 Umsatzanalysen

Da die Umlagerungsintensität eines Gebietes direkt von der Intensität der hydrodynamischen Prozesse (Scherbeanspruchung) abhängig ist, wurde das Untersuchungsgebiet in zwei Gebiete mit bekanntlich unterschiedlicher Hydrodynamik unterteilt. Der Rinnenbereich wird durch relativ hohe Strömungsgeschwindigkeiten charakterisiert, die dabei kaum unterhalb der kritischen Transportgeschwindigkeit vkrit fallen. Der Bankenbereich dagegen wird überwiegend durch geringe (während des Flutstromkenterpunktes gegen null) Strömungsgeschwindigkeiten charakterisiert und fällt über kurze oder längere Zeit trocken. Theoretisch sollten die drei morphologischen Parameter h_{ua}, ß und h_{ua}/a_0 für beide Bereiche also stark unterschiedlich ausfallen.

Tab. 8: Vergleich der morphologischen Parameter h_{ua}, ß, h_{ua}/a_0 und h_b des Teilbereiches Ebb-Delta (Geschützt) im Neuwerk/Scharhörner Wattkomplexes mit denen des Elb-Randbereiches Brammerbank/Krautsander Watt.

Parameter		Ebb-Delta, geschützt	Brammerbank/Krautsander Watt
n*	(km^2)	13	10
h_{ua}	(cm)	153 ± 44	185 ± 15
ß	(J^{-1})	0,13	0,15
h_{ua}/a_0	(cm/J)	20,1	27,6
h_b	(cm)	-16 (1965-79)	45 (1970-87)

Tab. 9: Untergliederung des Elb-Randbereiches Brammerbank/Krautsander Watt anhand der morphologischen Parameter h_{ua}, ß, h_{ua}/a_0 und h_b.

Parameter		Rinnenbereich	Brammerbank/Krautsander Watt
n*	(ha)	849	151
h_{ua}	(cm)	203 ± 15	80 ± 12,5
ß	(J^{-1})	0,13	0,45
h_{ua}/a_0	(cm/J)	26,0	36,4
$h_{b\,(70-87)}$	(cm)	48	24

Die durchgeführten MORAN-Auswertungen scheinen die Zweiteilung zu unterstützen (Tab. 9, Abb. 28).
Die asymptotische Umsatzhöhe ist im Bankenbereich etwa 2,5 mal niedriger als im reliefreichen Rinnenbereich. Dagegen ist die morphologische Varianz im Bankenbereich etwa 3,5 mal höher als die des Rinnenbereiches. Dies bedeutet, daß die oben erwähnte säkulare Änderung der Topographie des Gebietes nur im Rinnenbereich stattfindet. Obwohl der Rinnenbereich höhere effektive Strömungsgeschwindigkeiten aufweist und zudem kontinuierlich überflutet wird, ist die mittlere Umsatzrate hier etwa 1,4 mal niedriger als im Bankenbereich. Die Ursachen für diese scheinbare Diskrepanz - höheres Energiepensum aber geringere Materialumlagerungen - konnten im Rahmen dieser Untersuchung nicht eingehend erforscht werden. In diesem Zusammenhang sollte jedoch auf die unterschiedliche Dauer des Flutstromkenterpunktes hingewiesen werden, die im Bankenbereich viel länger ist. Folglich kann im Bankenbereich während der Flutkenterzeit wesentlich mehr feineres Material abgelagert werden, daß während der darauffolgenden Ebbephase leicht wieder erodiert werden kann. Demgegenüber kann im Rinnenbereich während der kurzen Kenterzeit nur wenig Material sedimentieren. Dieses Material wird zudem gröber sein, wodurch es sich während der anschließenden Tidephase relativ schwer erodieren läßt. Eine von DAMMSCHNEIDER (1988, Karte 6) durchgeführte

Korngrößeanalyse zeigt den Korngrößenunterschied zwischen Rinnen- und Bankenbereich.

Mengenmäßig wird im gesamten Rinnenbereich jährlich etwa 2,21 Mio. m^3 und im Bankenbereich etwa 0,55 Mio. m^3 Material umgelagert. Im gesamten Untersuchungsgebiet wird somit jährlich mindestens etwa 2,76 Mio. m^3 Sediment umgelagert. Im Vergleich dazu ist die mittlere jährliche Bilanzmenge von etwa 0,31 Mio. m^3 oder 11% der Umsatzmenge nur gering. In Teilbereichen des Gebietes kann die Bilanz aber trotzdem ähnlich hohe Werte wie die des Umsatzes erreichen (s. u.).

Für die oben durchgeführten Auswertungen wurde die Umsatzhöhe über den Vergleichszeitraum a als Sättigungsfunktion dargestellt. Es ist aber auch möglich, die Umsazhöhen der suksessiven Kartenvergleiche kumulativ über der fortlaufenden Zeit darzustellen (Abb. 29). Da mit zunehmendem Vergleichszeitraum a der meßbare Umsatz stärker von dem tatsächlichen Umsatz abweicht (SIEFERT, 1987), können allerdings nur die sukzessiven Kartenaufnahmen genutzt werden, die ähnliche Vergleichszeiträume aufweisen. Der hier gewählte Zeitraum $a < 4$ J bedeutet, daß die berechneten Umsatzhöhen wesentlich niedriger liegen als die tatsächlich aufgetretenen. An Hand der ersten und zweiten Ableitung von der Umsatzhöhe kann man aber trotzdem zu wichtigen Aussagen gelangen. Aus der ersten Ableitung "Geschwindigkeit" ergibt sich die Umsatzhöhe pro Zeiteinheit oder die (zu niedrige) Umsatzrate. Aus der zweiten Ableitung "Beschleunigung" ergibt sich ein Wert für die Änderungen der Umsatzrate, d.h., für die Änderungen der Morphodynamik. TAUBERT (1986) definiert zusätzlich noch eine dritte Ableitung "Drive", die aber nach Meinung des Verfassers wenig morphologische Aussagekraft besitzt änderung der Änderung der Geschwindigkeit) und deshalb hier nicht angewendet wird.

Aus Abb. 29 geht hervor, daß die Umsatzrate im Bankenbereich zwischen 1970 und 1987 fast konstant blieb. Es haben hier also keine bedeutenden Änderungen der Morphodynamik stattgefunden.
Im Rinnenbereich dagegen ist die Umsatzrate zwischen 1974 und 1977 viel höher als vor- und nachher. Die Morphodynamik hat sich also um 1974 stark geändert, wie das auch aus dem positiven Beschleunigungsmaximum um 1974 hervorgeht. Ab 1977 stellt sich aber das alte dynamische Gleichgewicht schnell wieder ein. Es ist verlockend, diese zeitliche Änderung der Morphodynamik kausal mit dem Anfang der Baggerungen im Hauptelbe-Fahrwasser in 1974 zu verbinden. Dies würde bedeuten, daß die Baggerungen zwar eine zeitliche Störung des dynamischen Gleichgewichtes im Rinnenbereich darstellten, daß sich aber das morphodynamische Gleichgewicht ab 1977 schnell wiederhergestellt hat.
Aus Abb. 29 ergäbe sich im Rinnenbereich für den Zeitraum 1970/74 eine Umsatzrate von 1,49 Mio. m^3/J. Wie oben bereits erwähnt wurde, sind die über $a < 4$ J gemittelten Umsatzraten aber keine realistischen Werte, sondern nur prozentual zueinander vergleichbar. Es ist aber möglich, anhand der aus der Sättigungsfunktion berechneten mittleren Umsatzrate h_{ua}/a_0 diese prozentualen Werte zu quantifizieren (Tab. 10). Somit ergibt sich für den Zeitraum 1970/74 eine Umsatzrate von 1,92 Mio. m^3/J, d.h. etwa 0,43 Mio. m^3 mehr als der aus Abb. 28 ermittelte Wert bzw. etwa 0,29 Mio. m^3 weniger als die durchschnittliche jährliche Umsatzrate über den Gesamtzeitraum.

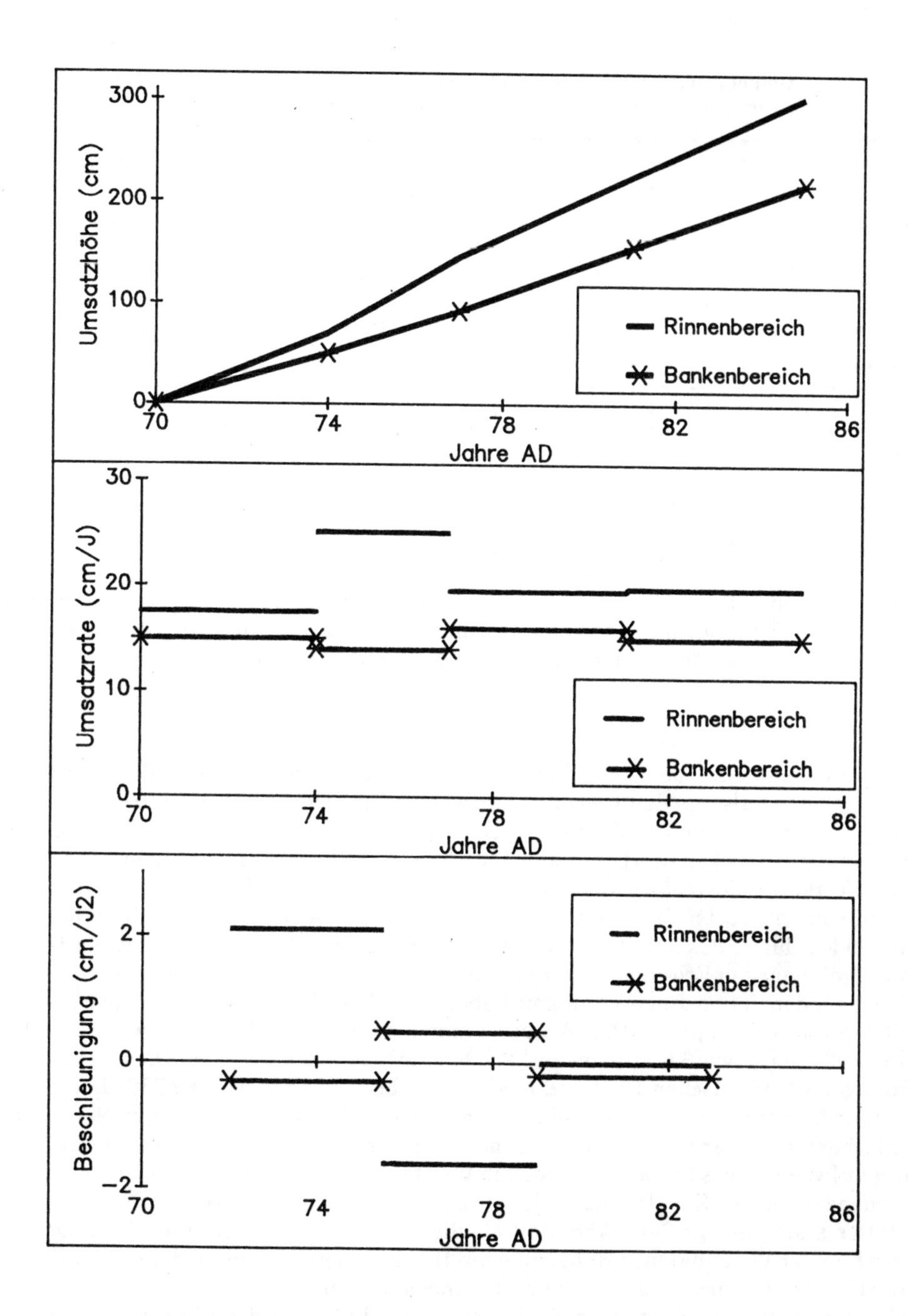

Abb. 29: **Entwicklung der Umsatzhöhe (oben), Umsatzrate (mitten) und Beschleunigung (unten) für die Periode 1970-1986 für den Rinnen- und Bankenbereich.**

Tab. 10: Umgelagerte Materialmengen im Rinnenbereich des Elb-Randbereiches Brammerbank/Krautsander Watt für unterschiedliche Perioden.

Zeitraum	%	Gesamt (Mio. m^3)	Jährlich (Mio. m^3)
1970-1974	23,2	7,7	1,9
1974-1977	24,9	8,2	2,7
1977-1981	25,8	8,5	2,1
1981-1985	26,1	8,6	2,1
1970-1985	100,0	33,00	8,8

5.2.3.2 Bilanzanalysen

Wie aus Abb. 30 hervorgeht, unterliegt der gesamte Rinnenbereich zwischen 1970 und 1987 fast kontinuierlich der Sedimentation. Eine durch die Bilanzpunkte errechnete lineare Regression ergab folgende Trendfunktion:

$$F(x) = -1{,}7 + 3{,}2x \text{ mit } r = 0{,}95$$

Abb. 31 zeigt aber deutlich, daß die Entwicklung innerhalb des Bereiches viel komplexer ist als aus den Gesamtbilanzwerten hervorgeht. Deutlich trennbar sind einige Sedimentations- und Erosionsschwerpunkte, die während der ganzen Periode 1970-1987 bemerkenswert lagestabil blieben. Die Wischhafener Nebenelbe (außer die Westkante der Nordrinne) und die Zungenspitzen der Brammerbank und des Krautsander Watts bilden während dieser Periode Sedimentationsschwerpunkte, die Südostflanke des Krautsander Watts und die Südflanke und Ostzunge der Brammerbank dagegen Erosionsschwerpunkte.
Diese tendenziellen Entwicklungen haben vor allem für die Wischhafener Nebenelbe gravierende Folgen. Das Wasservolumen unterhalb KN nahm zwischen 1970 und 1987 von etwa 6,6 Mio. m^3 auf 2,2 Mio. m^3 (oder um 67%) ab. Diese Abnahme fand vor allem zwischen 1977 und 1986 statt (Abb. 32). Trotz der ab 1986 abnehmenden Sedimentationstendenz bleibt es möglich, daß die Südrinne der Nebenelbe zwischen dem Ufer und dem Krautsander Watt in den nächsten Jahren völlig über KN aufwächst, was für den Fährbetrieb Wischhafen/Glückstadt weitreichende Konsequenzen hätte. Zu gleicher Zeit wird aber die Südostflanke des Krautsander Wattes stark angegriffen (Abb. 31). Möglicherweise bahnt sich hier einen Durchbruch in der Wischhafener Nebenelbe an. Der Fährbetrieb könnte denn im Zukunft möglicherweise diese neue Durchbruchrinne benutzen.
Eine andere Folge der starken Sedimentationen in Teilen des Rinnenbereiches ist die Zunahme des über KN aufragenden Teiles des Krautsander Wattes von 31 auf 88 ha. Diese Ausdehnung fand vor allem an der Binnenflanke und der Zungenspitze statt, wodurch das Wischhafener Fahrwasser etwa 600 m nach Norden gedrängt

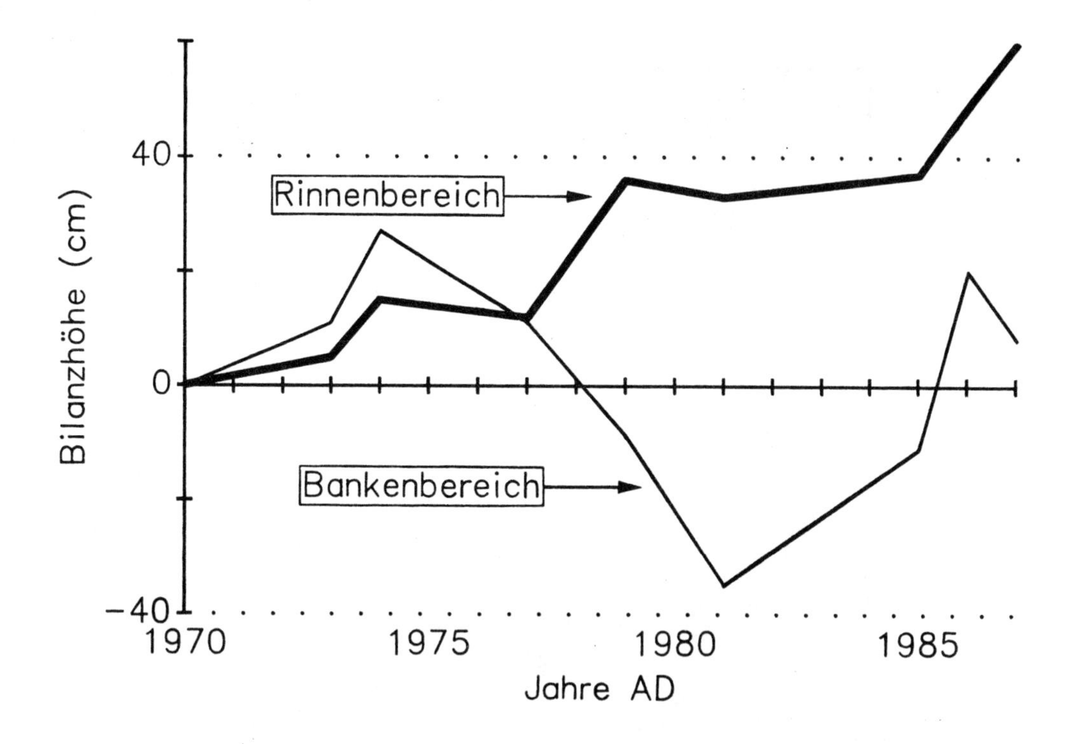

Abb. 30: Bilanzentwicklung im Rinnen- und Bankenbereich zwischen 1970 und 1987.

wurde. Die Brammerbank dagegen blieb fast gleichgroß (138 um 136 ha). Obwohl sich die Westzunge stark ausdehnte, nahmen die Ostzunge und die Südflanke dementsprechend ab.

Mit Bankenbereich wird nur der Bereich gemeint, der zwischen 1970 und 1987 *kontinuierlich* über SKN herausragte. Der Grund dafür liegt darin, daß nur in diesem Bereich die hydrodynamischen Prozesse (Scherbeanspruchung) über den ganzen Zeitraum vergleichbar bleibt.
Aus Abb. 30 geht hervor, daß im Bankenbereich Sedimentation und Erosion einander etwa jedes sechste Jahr abwechseln. Trotz erheblicher kurzfristiger Höhenänderungen ist die langfristige Höhenlage des Bereiches stabil.

5.2.3.3 Zusammenfassung

Die nebeneinanderstehenden Resultate der Umsatz- und Bilanzanalysen können folgenderweise zu einer morphodynamischen Charakterisierung des Bereiches Brammerbank/Krautsander Watt zusammengefügt werden.
Das Gebiet läßt sich sowohl an Hand der Umsatz- wie auch der Bilanzanalysen eindeutig in zwei Teilbereiche untergliedern.

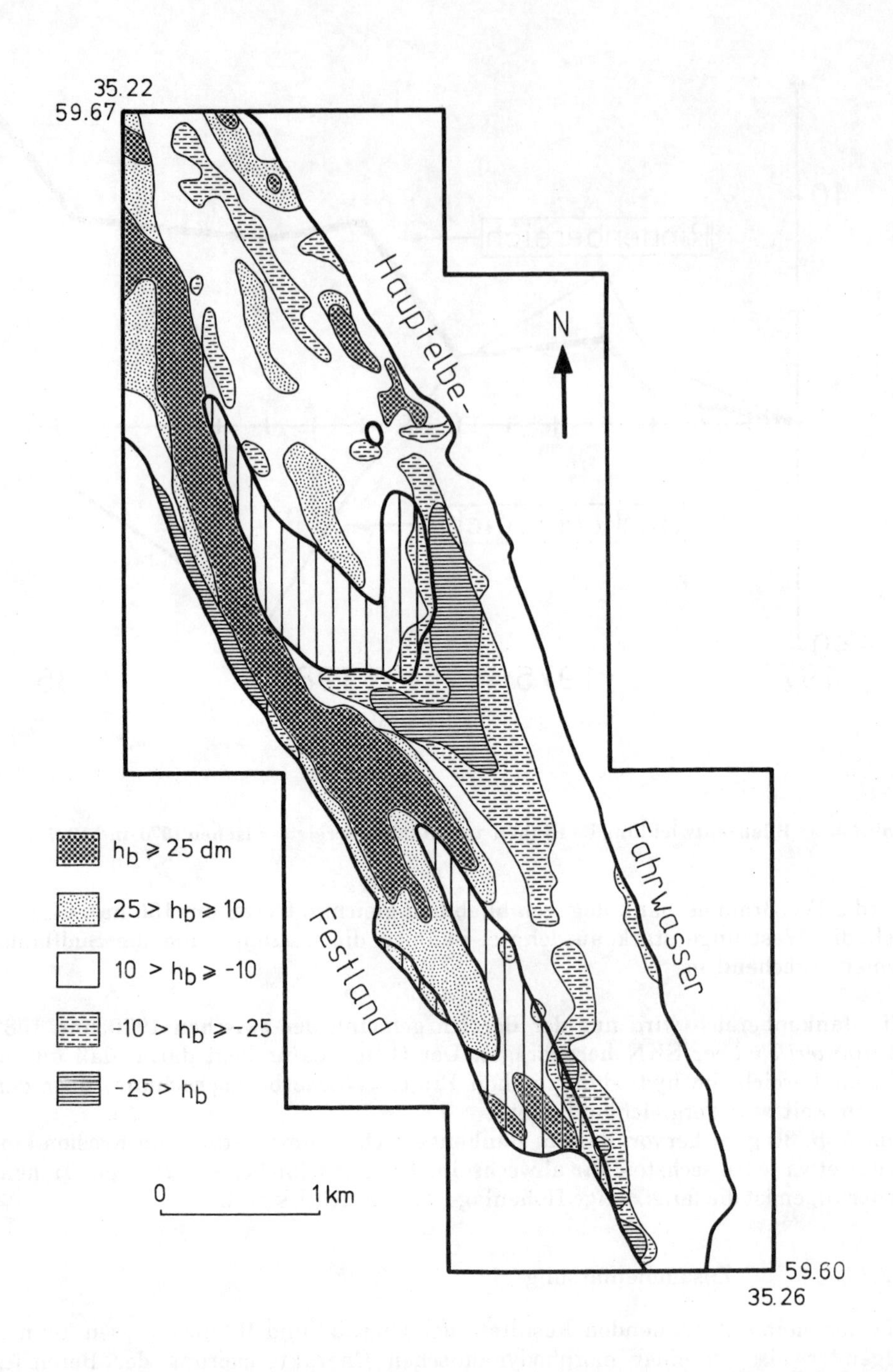

Abb. 31: Flächenmäßige Bilanzierung (Vergleich 1970-1987) des Elb-Randbereiches Brammerbank/Krautsander Watt.

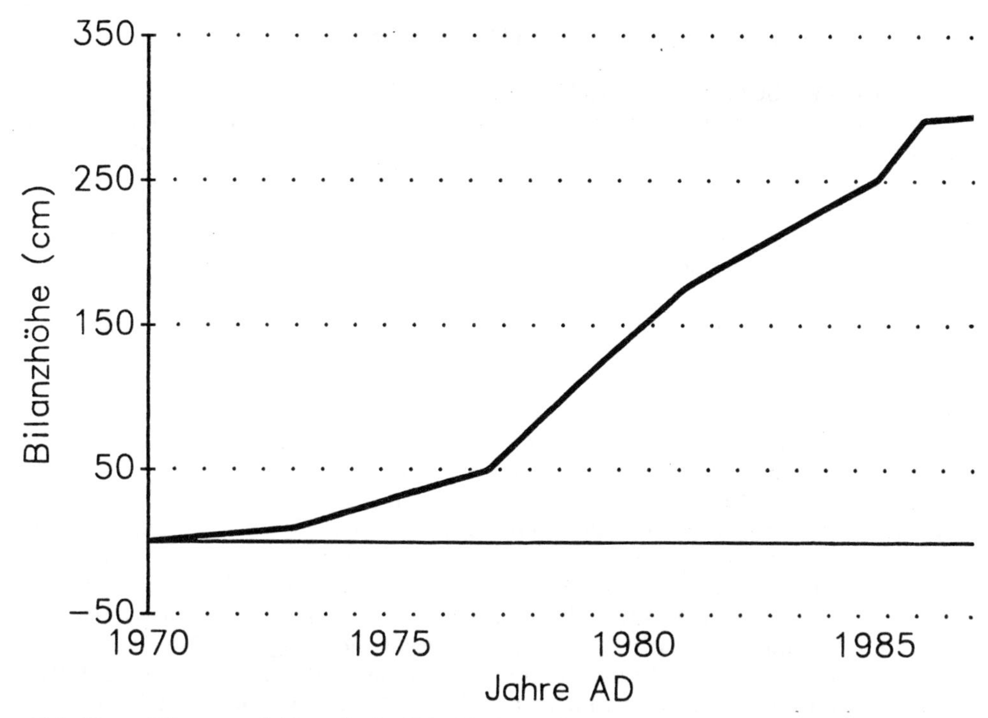

Abb. 32: **Bilanzentwicklung in der Wischhafener Nebenelbe zwischen 1970 und 1987.**

Der Rinnenbereich unterliegt zwischen 1970 und 1987 einer säkularen gleichgerichteten Änderung der Topographie, was sich aus der sehr geringen morphologischen Varianz ß (Tab. 9) ergibt. In welcher Richtung und auf welche Weise (linear, asymptotisch, periodisch) diese Änderung stattfindet, wird anhand der durch die Bilanzpunkte errechneten Trendfunktion (Abb. 30) deutlich. Die jährlich umgelagerte Materialmenge beträgt im Rinnenbereich zwischen 1970 und 1987 durchschnittlich 2,21 Mio. m^3. Zwischen 1974 und 1977 tritt eine erhebliche Belebung der Morphodynamik ein, die allerdings ab 1977 schnell nachläßt (Abb. 29, Tab. 10). Obwohl der Bilanztrend im Rinnenbereich mit etwa 0,31 Mio. m^3/J insgesamt positiv ist, sind deutlich trennbare Erosions- und Sedimentationsschwerpunkte zu erkennen (Abb. 31).

Der Bankenbereich unterliegt zwischen 1970 und 1987 weder einer säkularen Änderung der Topographie noch einer Änderung der Morphodynamik (Abb., 29 u. 30). Die hohe Umsatzrate weist auf eine ausgeprägte Morphodynamik hin. Die große morphologische Varianz deutet auf eine schnelle Abwechslung der positiven und negativen Tendenzen hin, wie das auch aus der Bilanzentwicklung hervorgeht. Insgesamt kann der Bankenbereich also an Hand der Umsatz- und Bilanzanalysen als hochdynamisch, jedoch ohne Trend charakterisiert werden.

5.2.4 Verknüpfung der Hydro- und Morphodynamik.

Die von DAMMSCHNEIDER (1988) im Bereich Brammerbank/Krautsander Watt durchgeführten Strömungsuntersuchungen dienten vor allem den Vergleich zweier Methoden der Geschwindigkeitsmessungen: die "traditionelle" punktuelle In-situ Einzelströmungsmessung nach der eulerscher Beschreibungsweise und die flächenhafte iterative Luftbildkartierung von Schwimmerbahnen nach lagrangescher Beschreibungsweise. Es stellte sich heraus, daß Materialumlagerungen durch flächenauflösende Schwimmerkartierungen besser analysierbar sind: "Die Treibkörper nehmen die turbulenten 'Pulse' der Strömung auf und setzen diese in eine sichtbare Bewegung um - sie sind 'Indizien'-Träger für die räumliche Verteilung wechselnd starker turbulenter Prozesse. Die Bahnlinien und Transportgeschwindigkeiten der Schwimmer interpretieren quantitativ und lokal nachweisbar die 'wahre' dynamische Raumbelastung, der ein Gebiet durch Strömungsfelder ausgesetzt ist" (DAMMSCHNEIDER, 1988). An Hand seiner Untersuchungen schließt DAMMSCHNEIDER auf einen Materialtransport im Kreislauf. Sand aus dem Bereich Brammerbank wird mit der Flut stromauf transportiert und lagert sich auf dem Rücken des Krautsander Wattes bzw. dem hauptelbeseitigen "Delta" ab. Mit der "anschließenden" Ebbströmung wird dieses Material wieder erodiert und gelangt im Bereich Brammerbank bei abnehmender Strömungsgeschwindigkeit erneut zur Ablagerung. "Erklärlich werden durch diese Wechselwirkungshypothese die kurzfristig eintretenden und quantitativ bedeutenden Formenänderungen auf der Brammerbank bei insgesamt über die Zeit relativ stabiler Gesamtbilanz" (DAMMSCHNEIDER (1988). Diese Beobachtung steht in völliger Übereinstimmung mit den für den Bankenbereich erzielten Ergebnissen (s.o.). Somit charakterisiert dieser Kreislauf die kurzfristigen Materialtransportvorgänge im Bankenbereich. Aus den Bilanzanalysen geht jedoch hervor, daß der Rinnenbereich langfristig eine Sedimentfalle darstellt. Trotzdem können auch anhand der iterativen Aufnahme von flächenhaften Strömungsverteilungen generelle Aussagen über die langfristige Entwicklung des Rinnenbereiches erzielt werden. In Abb. 31 sind die Ergebnisse der Bilanzanalysen und die Luftbildschwimmerkartierungen zusammengetragen. Daraus geht hervor, daß die Ostzunge der Brammerbank wahrscheinlich sowohl von dem Flut-, wie auch von dem Ebbstrom erodiert wird. Die Südostflanke des Krautsander Wattes und die Südflanke der Brammerbank sind "Ebbstrombedingte" Erosionsschwerpunkte. Die Westkante der Wischhafener Nebenelbe und die Ostflanke der Westzunge der Brammerbank dagegen sind "Flutstrombedingte" Erosionsschwerpunkte. Die Nordrinne der Nebenelbe wird sowohl während der Flut-, wie auch während der Ebbephase zugeschüttet; die Südrinne stellt einen "Flutstrombedingten" Sedimentationsschwerpunkt dar. Die beiden Zungenspitzen der Brammerbank und des Krautsander Wattes schließlich sind "Ebbstrombedingte" Sedimentationsschwerpunkte.
Wahrscheinlich wird bei km 678 mit der Ebbeströmung Sand aus dem untersuchten Gebiet in die Hauptelbe exportiert. Demgegenüber steht aber ein viel größerer flutstrombedingter Sandimport im Gebiet zwischen km 682 und 681.
Es stellt sich die Frage welcher Prozess bzw. welche Störung des dynamischen Gleichgewichtes diese Sandimport bzw. die 67%-Abnahme des Volumens der Nebenelbe ausgelöst hat. Es liegt nahe, die natürlichen internen Schwingungsvorgänge im Elb-Ästuar als Ursache anzunehmen. Als Folge dieser Vorgänge hat sich der vom rechten Ufer (bei km 687) kommende Flutstromfaden scheinbar stromaufwärts

Abb 33:
Die Materialtransportwege im Elb-Randbereich Brammerbank/KrautsanderWatt.

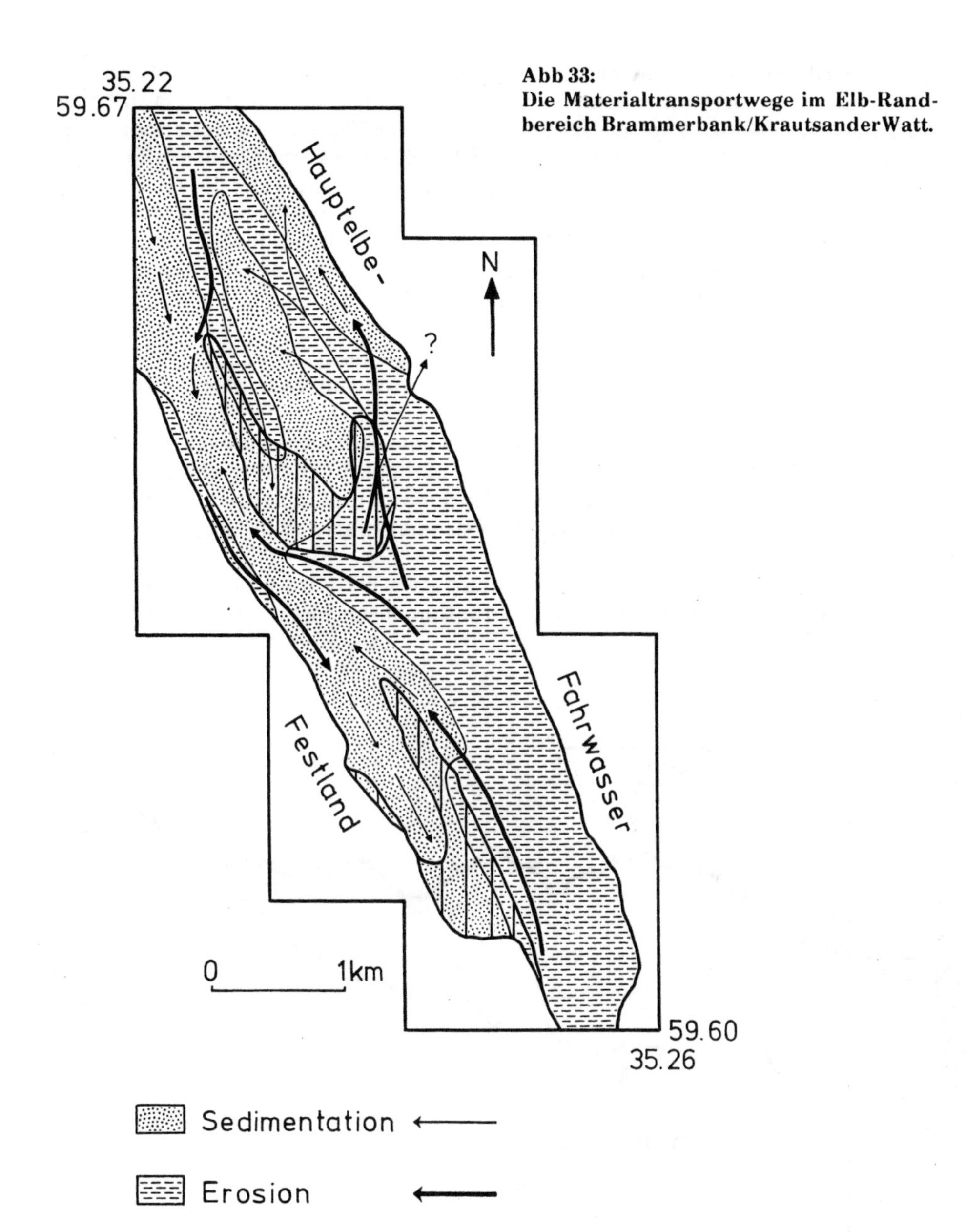

verlagert, wodurch die Nebenelbe von seinem Flutwasservolumen beraubt, und die Ostzunge der Brammerbank zunehmend der Erosion ausgesetzt wurde. Da in einem natürlichen System der hydraulische Umfang einer Tiderinne proportional zum Tidevolumen ist (RENGER, 1976), mußte folglich der hydraulische Umfang der Nebenelbe abnehmen, d.h., die Nebenelbe wurde zur Sedimentfalle. Gleichzeitig verlagert sich der von der südlichen Rhinplatte kommende Ebbstromfaden (siehe DAMMSCHNEIDER & FELSHART, 1987, Abb. 12) durch Prallhangbildung westwärts, wodurch die Ostflanke des Krautsander Wattes und die Ostzunge und Südflanke der Brammerbank zunehmend erodiert wurden.

Wahrscheinlich spielt aber auch die Tidenhubentwicklung stromaufwärts im Elb-Ästuar eine wichtige Rolle. Diese Entwicklung wird von zwei Mechanismen gesteuert (ALLEN et al., 1980): erstens die Energieabnahme der Tidewelle durch Bodenreibung und zweitens die durch die stromaufwärtsgerichtete Abnahme des hydraulischen Umfanges bedingte Tidenhubzunahme. In Abhängigkeit vom Verhältnis zwischen Energieverlust durch Bodenreibung und "Energiekonzentration" durch Verschmälerung nimmt der Tidenhub stromaufwärts ab (hyposynchron) oder zu (hypersynchron).
Aus Abb. 34 geht hervor, daß im Elb-Ästuar etwa bis 1973 eine hyposynchrone Situation, ab 1974 eine hypersynchrone Situation vorherrscht. Diese Entwicklung

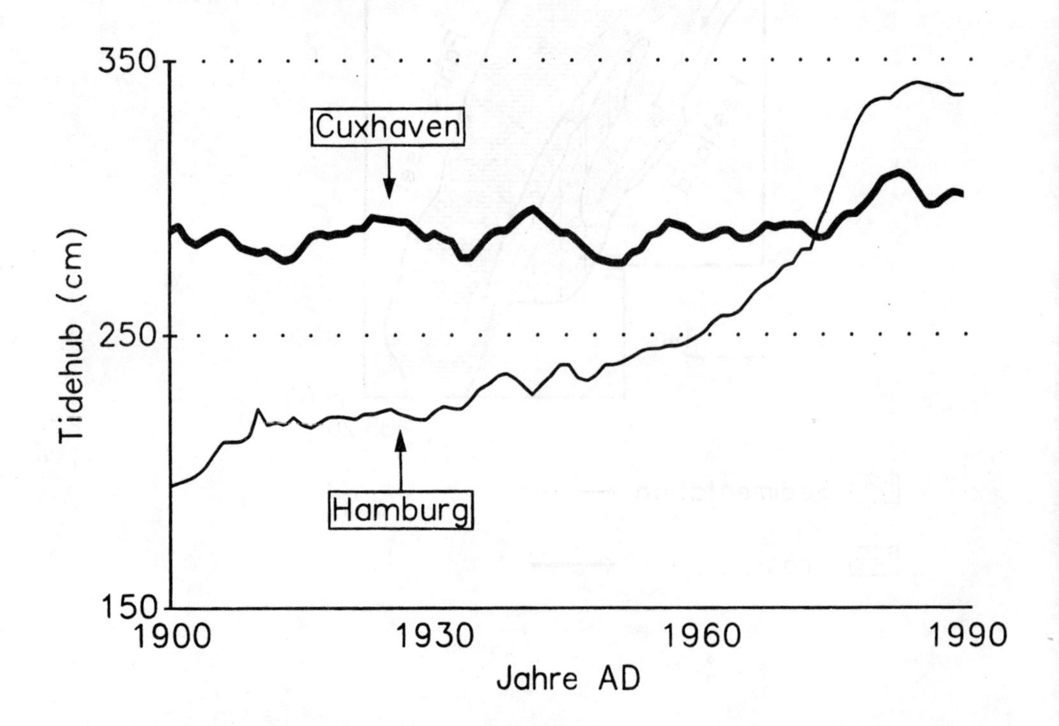

Abb 34: **Dreijährige übergreifende Mittelwerte des MThb für Cuxhaven und Hamburg seit 1900.**

hat schon um 1955 angefangen als der Tidenhub in Hamburg anfing, unverhältnismäßig stark anzusteigen. Dies bedeutet, daß bei in etwa gleichbleibender "Verschmälerung" der Unterelbe stromaufwärts der Einfluß der Bodenreibung (die vor allem im Flachwasserbereich des Ästuars stattfindet) seit 1955 verhältnismäßig abnimmt. Das Tidevolumen konzentriert sich demnach im Hauptelbe-Fahrwasser und nimmt in den äußeren Randbereichen (Wischhafener Nebenelbe u.a.) ab.
Da diese Entwicklung schon um 1955 einsetzte, ist es unmöglich, die seit 1974 stattfindenden Baggerungen im Hauptelbe-Fahrwasser kausal mit der Zuschüttung der Wischhafener Nebenelbe zu verbinden. Sie können nur als "trendverstärkend" bewertet werden.
Zur Entwicklung der Tideverhältnisse in den deutschen Ästuaren sagt SIEFERT (1982): "Die Ursachen für die Veränderungen der Tideverhältnisse sind in den bekannten Veränderungen in den Flüssen selbst (Vertiefungen, Eindeichungen, Absperrung von Nebenflüssen u.a.), aber eben wohl auch in den unterhalb der Mündungen maßgebenden hydrologischen und meteorologischen Vorgängen zu suchen".

5.3 Die Außeneider

Die Entwicklung der Außeneider (Abb. 1 u. 35) unterscheidet sich grundlegend von der der bisher untersuchten Gebiete. Mit dem Ziel, für das Eidergebiet eine optimale Vorflut zu schaffen, sowie den Schiffsverkehr in dem nach 1936 möglich gewesenen Umfange zwischen der Nordsee und dem Nord-Ostsee-Kanal aufrechtzuerhalten, wurde die Eider in 1972 bei Hundeknöll abgedämmt (Eidersperrwerk). Zweitens wurde 1979 zur Sicherung des Vollerwieker Seedeiches die Nordrinne der Außeneider durchdämmt, wobei gleichzeitig weiter westlich eine künstliche Durchbruchsrinne von der Nordrinne zur Südrinne geschaffen wurde. Schließlich wurde in 1980 mit der sog. sandabwehrenden Flutdrosselung beim Eidersperrwerk angefangen. Die Außeneider stellt somit einen stark von menschlichen Eingriffen beeinflußten Naturraum dar, d.h. das natürliche Prozeßgefüge in diesem Gebiet wird von den Menschen gesteuert bzw. reguliert.

Trotzdem erfüllt auch dieses Gebiet die in Kap. 5.1 erwähnten Voraussetzungen. Die Hydrologie der Außeneider wird, wie die des Seegats Till, maßgeblich vom Tidegeschehen geprägt. Aus Gründen der Beweissicherung wurden zudem in diesem Gebiet seit 1968 mindestens einmal jährlich bis mindestens 8 km westlich der Eiderabdämmung bei Hundeknöll geodätische Vermessungen durchgeführt. Für die vorliegende Untersuchung wurden vom Amt für Land- und Wasserwirtschaft, Heide, Dezernat Gewässerkunde in Büsum 13 topographische Aufnahmen (1 : 10.000) aus der Periode 1971 bis 1989 zur Verfügung gestellt, wofür dem Herrn Dr. P. Wieland an dieser Stelle nochmals recht herzlich gedankt wird. Da die menschlichen Eingriffe abschätzbar sind (s.o), wird auch die dritte Voraussetzung weitgehend erfüllt. Zusätzlich ist auch dieses Gebiet schon früher hydro- und morphodynamisch untersucht worden (AMT FÜR LAND- UND WASSERWIRTSCHAFT, HEIDE, 1986). Es wurde allerdings zur Klärung der Morphodynamik im Außeneiderbereich kapazitätsbedingt nur eine sog. Wasserraumbetrachtung unterhalb -1,0 m NN vorgenommen, wozu folgendes gesagt wurde: "Dabei ist stets darauf hingewiesen worden, daß zur Beurteilung morphologischer Veränderungen eine Wasserraumbetrachtung z.B.

bei der Tideeider lediglich unterhalb -1,64 m NN nicht ausreichend erscheint". Die vorliegende Arbeit kann als ein erster Schritt zur Klärung der morphologischen Fragen gesehen werden. Dabei soll darauf hingewiesen werden, daß wegen der Unvollständigkeit des Datenmaterials, sowie durch die zeitliche Begrenzung der Untersuchung, einige Teilaspekte (noch) nicht erforscht werden konnten. Dabei könnte gerade dieses Gebiet wegen der umfassenden Kartengrundlagen mit Hilfe des MORAN-Verfahrens sehr detailliert untersucht werden.

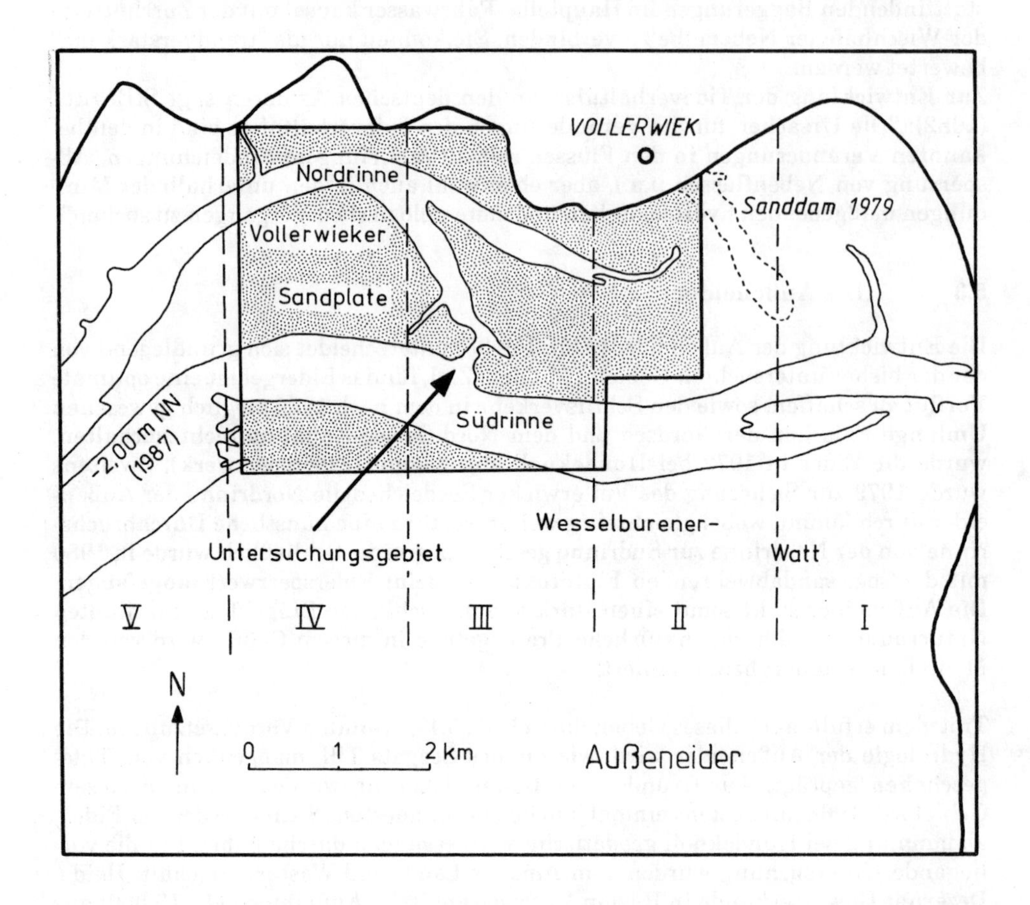

Abb. 35: Lage des Untersuchungsgebietes in der Außeneider.

5.3.1 Lage und Morphologie des Untersuchungsgebietes

Das etwa 16 km² große Untersuchungsgebiet liegt südlich der Halbinsel Eiderstedt im Wattengebiet der Inneren Deutschen Bucht (Abb. 1 u. 35). Innerhalb seiner Grenzen liegen Teilabschnitte der Nord- und Südrinne der Außeneider sowie die

Vollerwiek Plate. Obwohl die beiden Rinnen im Grunde zum Mündungsbereich der Eider gehören, wird die Hydrodynamik vom Tidegeschehen dominiert. Somit wird auch hier die Morphologie von der durch die Coriolisbeschleunigung induzierten Rechtsablenkung der Ebbe- bzw. Flutströmung geprägt. Als Folge dieser Ablenkung entwickelten sich zwei Tiderinnen, während sich in der Mitte des Strömungskreises, bzw. in der Beruhigungszone, eine über SKN herausragende Sandplate bilden konnte. Während der Untersuchung zeigte sich, daß sich diese Plate derart schnell nordostwärts verlagert, daß eine Untergliederung im Rinnen- und Bankenbereich, wie im Bereich Brammerbank/Krautsander Watt, nicht angebracht erschien. Lediglich ein 32 ha großer Teil der 300 bis 400 ha große Vollerwiek Sandplate ragte zwischen 1971 und 1989 kontinuierlich über SKN heraus.

Im Rahmen einer morphologischen Untersuchung im Küstenvorfeld zwischen Hever und Elbe von 1936 bis 1969 erfaßten KLUG & HIGELKE (1979) auch der Außeneiderbereich. Das Wachsen der Platen im Eidermündungsbereich, sowie das Versanden des Norderlochs, die nördliche Mündungsrinne der Eider, zwischen 1936 und 1969 führen Sie auf einen Materialzustrom von der Hevermündung her zurück. Durch die südwärtige Verlagerung der Eidermündung unterliegt der Eiderstedter Südküste, bzw. das Untersuchungsgebiet, zwischen KN und -10 m KN zwischen 1936 und 1969 der Sedimentation. Der Wasserraum in den Rinnen zwischen -6 m KN und -10 m KN vergrößert sich während des Betrachtungszeitraumes, unterhalb -10 m KN verändert er sich nicht. Nach Meinung von KLUG & HIGELKE (1979) zeigte sich: "daß die Veränderungen im Materialhaushalt des Küstenvorfeldes (zwischen 1936 und 1969) vor allem mit den Verlagerungen und Umgestaltungen der Wattrinnen in engem Zusammenhang stehen".

5.3.2 Auswertungsverfahren

Auch in der Außeneider wurde das MORAN-Verfahren angewandt. Für die Auswertungen wurden die Wattgrundkarten der Außeneider (Frühlingsaufnahmen: 1971, 1973, 1975, 1977, 1978, 1979, 1981, 1983, 1985, 1986, 1987, 1989; Herbstaufnahme: 1986) im Maßstab 1 : 10.000 des Dezernates Gewässerkunde Büsum herangezogen. Die Genauigkeitsgrenze der Vermessungen liegt nach WIELAND & THIES (1975) bei etwa ± 5 cm. Auf die gleiche Weise wie im Bereich Brammerbank/Krautsander Watt wurden pro Aufnahme im Durchschnitt 1.462 Tiefenwerte eingelesen.
Erwartungsgemäß verursachte die Durchdämmung der Nordrinne bei Vollerwiek sowie die künstliche Durchbruchrinne von Nord- zur Südrinne in 1979 eine erhebliche Störung des dynamischen Gleichgewichtes. Die ersten morphologischen Analysen (s.u.) zeigten aber, daß diese Störung um 1985 weitgehend vorüber war. Aus diesem Grund wurden für das gesamte Gebiet zwei Sättigungsfunktionen für die Umsatzhöhe ermittelt, die erste für die Periode 1971-1979 sowie 1985-1989 (Abb. 37 oben), die zweite für den dazwischenliegenden Zeitabschnitt 1979-1985 (Abb. 37 unten). Die erste Funktion ist somit anhand von 72 Umsatzwerten, die zweite anhand von nur 6 h_u-Werten, ermittelt. Zudem stand zur Ermittlung der zweiten Sättigungsfunktion nur ein maximaler Vergleichszeitraum von 6 Jahre zur Verfügung. Die weiteren Analysen zeigten jedoch, daß die für die Periode 1979-1985 ermittelte Funktion die Morphodynamik zu dieser Zeit gut charakterisiert.

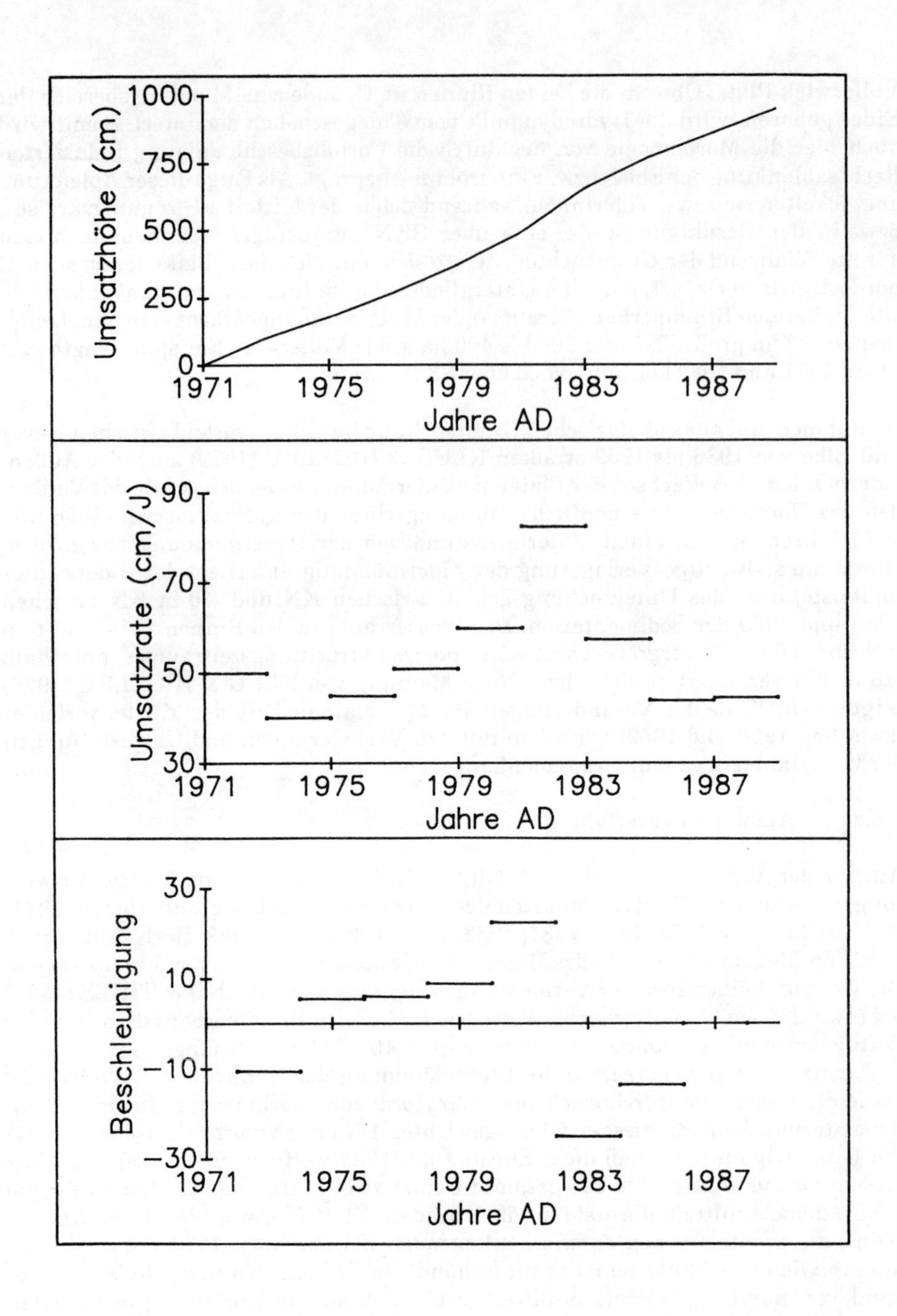

Abb. 36: **Entwicklung der Umsatzhöhe (oben), Umsatzrate (mitten) und Beschleunigung (unten) für die Periode 1971-1989.**

Bei den bisherigen Analysen betrug der Mindestvergleichszeitraum 1 Jahr. Da in der Außeneider für mehrere Jahre sowohl eine Frühlings- wie auch eine Herbstaufnahme vorliegt, war es möglich den Mindestvergleichzeitraum von 1 auf 0,5 Jahr zurückzubringen.

5.3.3 Ergebnisse

Wie auch im Bereich Brammerbank/Krautsander wurde erstens die in der Außeneider erzielten Parameterwerte mit denen des hydrologisch ähnlichen Tillgebietes verglichen (Tab. 11). Dabei wurde logischerweise nur der Zeitraum ohne direkte menschliche Eingriffe im untersuchten Bereich der Außeneider berücksichtigt.

Tab. 11: Vergleich der morphologischen Parameter h_{ua}, ß, h_{ua}/a_0 und h_b der Till im Neuwerk/Scharhörner Wattkomplex mit denen der Außeneider.

Parameter		Till	Außeneider (1971-79 u. 1985-89)
n*	(km^2)	71	14,62
h_{ua}	(cm)	235	238
ß	(J^{-1})	0,15	0,26
h_{ua}/a_0	(cm/J)	36,8	61,0
h_b	(cm)	-18	4

Die asymptotischen Umsatzhöhen sind in den beiden Gebieten bemerkenswert ähnlich. Dies hängt wahrscheinlich mit der ähnlichen Gesamttopographie der beiden Bereiche zusammen, d.h. da die maximalen Höhenunterschiede in beiden Gebieten ähnlich sind, werden auch die mittleren maximalen Höhenänderungen ähnlich groß sein.
Die morphologische Varianz ist dagegen in der Außeneider erheblich höher. Dies deutet daraufhin, daß der untersuchte Außeneiderbereich während des Betrachtungszeitraumes (1971-79 u. 1985-89) keiner säkularen Änderung unterlag. Dies geht auch aus der sehr niedrige Bilanzwert von 4,0 cm hervor. Im Bericht vom Amt für Land- und Wasserwirtschaft (1986) steht dazu: "In einem komplizierten Prozeß hat sich die Außeneider zwischen Hundeknöll und der tiefen Nordsee seit 1800, soweit die Zustände kartenmäßig erfaßbar sind, aus einem labilen und vielarmigen Mündungsästuar bis etwa 1960 zu einem relativ geschlossenen Rinnensystem mit bis dahin nie zuvor erreichtem Stabilitätsgrad entwickelt".
Auch die Umsatzrate ist in der Außeneider viel höher als in der Till. Folglich herrscht hier eine viel stärkere Morphodynamik vor, was wahrscheinlich damit zusammenhängt, daß in der Außeneider die zwei Tiderinnen viel stärker mäandrieren. Hierdurch wird dem fließenden Wasserkörper viel mehr Angriffsfläche geboten bzw. werden sich an mehreren Stellen Prall- und Gleithänge bilden können. Durch Prallhangbildung an der Südseite, kombiniert mit Gleithangbildung an der Nord-

seite, wanderte die Vollerwieker Sandplate zwischen 1971 und 1989 beispielsweise um etwa 1.000 m nordwärts.

5.3.3.1 Umsatzanalysen

Wie oben bereits erwähnt wurde, wurde das natürliche Prozeßgefüge 1979 mit der Durchdämmung der Nordrinne stark gestört. Es liegt auf der Hand, daß diese Störung eine erhebliche Belebung der Morphodynamik induziert haben wird. Mit dem Ziel diese Belebung zeitlich abzugrenzen, wurden die Umsatzhöhen der Zweijahresvergleiche kumulativ über die Zeit aufgetragen (Abb. 36). Diese Methode wird in Kap. 5.2.3.1 ausführlich behandelt. Es soll aber nochmals darauf hingewiesen werden, daß die auf diese Weise ermittelte jährlichen Umsatzhöhen zu niedrig sind, bzw. nur prozentual untereinander vergleichbar sind (siehe auch Tab. 11, zweite und dritte Kolumne).

Aus Abb. 36 geht hervor, daß die Umsatzhöhe pro Jahr von 1971 bis 1979 um etwa 45 cm/J pendelt. Ab 1979 steigt sie rapide an, wobei sie zwischen 1981 und 1983 ein Maximum von 82,5 cm/J erreicht. Bis 1985 fällt die Umsatzhöhe pro Jahr wieder und seit 1985 schließlich pendelt sie sich auf den alten Wert von etwa 45 cm/J ein.

Es sind somit mehrere Phasen mit unterschiedlicher Materialumlagerungsintensität (Scherbeanspruchung) zu unterscheiden. Während den Perioden 1971-79 und 1985-89 war die Umlagerungsintensität in etwa gleich. Deswegen wurde für diese beiden Perioden nur eine Sättigungsfunktion errechnet. Eine zweite Funktion wurde für die Periode 1979-1985 ermittelt (Tab. 12).

Tab. 12: Vergleich der morphologischen Parameter h_{ua}, ß, h_{ua}/a_0 und h_b der Außeneider für die Perioden 1971-79/1985-89 und 1979-85.

Parameter		1971-79 u. 1985-89	1979-85
n*	(km^2)	1462	1462
h_{ua}	(cm)	238 ± 13,9	208 ± 20,2
ß	(J^{-1})	0,26	0,59
h_{ua}/a_0	(cm/J)	61,0	122,4
h_b	(cm)	4	57

Die asymptotischen Umsatzhöhen sind innerhalb ihrer Standardabweichungen gleich, was wiederum darauf hindeutet, daß dieser Parameter sehr stark von der Gesamttopographie, bzw. vom Relief des Gebietes gesteuert wird. Die morphologische Varianz ist dagegen zwischen 1979 und 1985 im Durchschnitt zweimal so groß als vor- und nachher. Dies bedeutet, daß sich die Geschwindigkeit der Höhenänderungen und/oder das Areal das Höhenänderungen unterliegt, stark vergrößert hat. Konsequenterweise hat sich auch die Umsatzrate zwischen 1979 und 1985 verdoppelt.

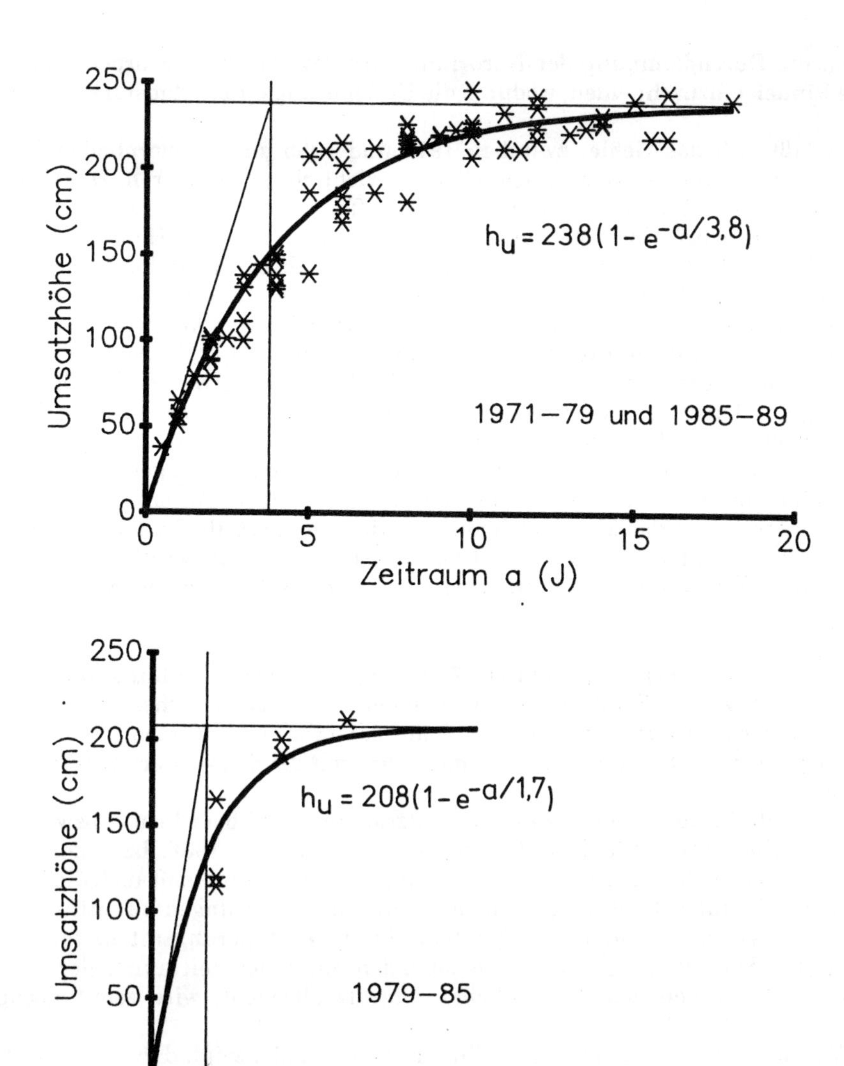

Abb. 37: Umsatzhöhen h_u über den Vergleichszeitraum a für die Perioden 1971-79/1985-89 (oben) und 1979-85 (unten) in der Außeneider.

Durch die Durchdämmung der Nordrinne wird der Tidewasserkörper gezwungen neue Rinnen einzuschneiden, wodurch die Umlagerungsintensität stark zunimmt.

Somit läßt sich das Gebiet zwischen 1979 und 1985 als ein morphodynamisches System auf der Suche nach seinem Gleichgewicht charakterisieren. Dabei werden neue Wege, bzw. Rinnen ebenso schnell geschaffen wie verlassen. Dies erklärt auch die "unerwünschte" Kombination von hohen ß- und h_b-Werten. Hohe ß-Werte deuten auf das Fehlen einer Trendentwicklung hin, während hohe h_b-Werte dagegen normalerweise auf eine säkulare Änderung hindeuten. Die hohe morphologische Varianz wird durch die plötzliche Störung verursacht, was kurzfristig zu starken Materialumlagerungen, bzw. Höhenänderungen führen kann. Dabei wechseln Erosion und Sedimentation ständig ab. Die hohe Bilanzwerte werden durch die Einstellung auf das neue (alte) dynamische Gleichgewicht verursacht. Somit darf hier nicht von einer säkularen Änderung gesprochen werden. Ein einmaliger künstlicher Eingriff hat zu einer Störung des morphodynamischen Gleichgewichtes geführt. Nach einer bestimmten "Anpassungszeit" mit intensiven Materialumlagerungen hat sich dann aber das alte Gleichgewicht wiederhergestellt. Es fällt auf, daß die maximalen Umsatzraten zwischen 1981 und 1983 erreicht werden, während die maximalen Höhenänderungen zwischen 1983 und 1985 auftreten (Abb. 40 unten, Tab. 13).

Für 1986 wurden zwei topographische Aufnahmen, eine vom Frühling und eine vom Herbst, ausgewertet. Somit war es möglich den Mindestvergleichszeitraum zur Berechnung der Sättigungsfunktion von 1 auf 0,5 Jahr zu verkürzen. Zudem war es jetzt möglich die Umsatzhöhe des Sommers 1986 mit der des Winters 1986/87 zu vergleichen.
Wie aus Tab. 12 hervorgeht, lag die Umsatzrate um 1986 bei 61 cm/J, bzw. bei 30,5 cm pro halbes Jahr. Die Umsatzhöhen für den Sommer 1986, bzw. den Winter 1986/87 betrugen 38,3 cm respektive 38,0 cm. Somit wird klar, daß auch die Umsatzrate nicht die tatsächlich aufgetretenen Materialumlagerungen quantifiziert, d.h. auch die Umsatzrate kann nur als Indikator für die Umlagerungsintensität verwendet werden. Die Aussage, daß mit zunehmendem Vergleichszeitraum a der meßbare Umsatz stärker von dem tatsächlichen Umsatz abweicht, wird somit nochmals bestätigt.
Ein Vergleich der "Sommer"- und "Winter"-Umsatzhöhe zeigt, daß der Einfluß der "stürmischen" Wintersaison auf dic Umlagerungsintensität gleich Null ist, d.h. die Morphodynamik der Außeneider wird völlig vom Tidegeschehen geprägt. Um diese Hypothese zu untermauern, müßten für mehrere Jahre Frühlings- und Herbstaufnahmen - beispielsweise für einen sturmflutreichen Winter - ausgewertet werden. Dies war leider aus zeitlichen Gründen nicht möglich.

Zwischen 1971 und 1979, sowie zwischen 1985 und 1989 wurde jährlich mindestens etwa 8,9 Mio. m^3 Material umgelagert, zwischen 1979 und 1985 etwa 17,9 Mio. m^3/J. Insgesamt wurde somit zwischen 1971 und 1989 etwa 214,2 Mio. m^3 Sediment umgelagert, davon etwa 107,4 Mio. m^3 oder 50% zwischen 1979 und 1985. Im Vergleich dazu ist die Bilanzmenge zwischen 1971 und 1989 von etwa 8,9 Mio. m^3 oder 4,2% der Umsatzmenge unsignifikant.

In Tab. 13 sind wiederum die jährlichen Umsatzmengen, die durch einen Vergleich der Abbildungen 36 und 37 ermittelt wurden, aufgelistet worden. Es zeigt sich, daß der Einfluß der Durchdämmung auf die Umlagerungsintensität innerhalb der Periode 1979-85 unterschiedlich war. Das Maximum der Umlagerungsintensität wurde zwischen 1981 und 1983 erreicht, als jährlich dreimal soviel Material umgelagert wurde als während der Periode 1973-75. Zwischen 1983 und 1985 erreichte die Bilanzmengeetwa 19% der Umsatzmenge und damit sein Maximum. Während dieser Periode wurde im untersuchten Gebiet 5,7 Mio. m^3 Material abgelagert bzw. wurde etwa 64% der gesamten Bilanzmenge über die Periode 1971-1989 sedimentiert.

Tab. 13: Jährlich umgelagerte Material- und Bilanzmengen in der Außeneider für unterschiedliche Perioden.

Zeitraum	Umsatzmenge (Mio. m^3)	Bilanzmenge (Mio. m^3)
1971-1973	9,65	1,2
1973-1975	7,7	-0,2
1975-1977	8,7	-0,65
1977-1979	9,85	-0,5
1979-1981	16,05	1,4
1981-1983	22,7	-0,1
1983-1985	15,3	2,85
1985-1987	8,55	0,3
1987-1989	8,55	0,15
1971-1989	214,1	8,9

5.3.3.2 Bilanzanalysen

Wie bereits oben erwähnt wurde, hat das Dezernat Gewässerkunde, Büsum 1986 eine sog. Wasserraumuntersuchung der Eider unterhalb SKN durchgeführt (Amt für Land- und Wasserwirtschaft, 1986). Dazu wurde die Eider in Tide- und Außeneider zweigeteilt, wonach die Außeneider nochmals in vier Teilabschnitte unterteilt wurde (Abb. 35).

Die Wasserraumentwicklung des gesamten Außeneiderbereiches unterhalb SKN seit 1968 ist in Abb. 38 dargestellt. Demnach hat sich das Volumen der Tiderinnen unterhalb SKN zwischen 1970 und 1988 mit zeitweilig starken Schwankungen von etwa 40 Mio. m^3 auf etwa 29 Mio. m^3 verringert. Die stetige Abnahme hängt höchstwahrscheinlich ursächlich mit der Abdämmung der Eider bei Hundeknöll, die bis 1972 fertiggestellt war, und die Durchdämmung der Nordrinne bei Vollerwiek in

1979, zusammen. Die zwischenzeitlich auftretenden Fluktuationen im Wasserraum fanden vor allem zwischen 1977 und 1980 statt, was auf einen kausalen Zusammenhang mit der Durchdämmung der Nordrinne hindeutet.

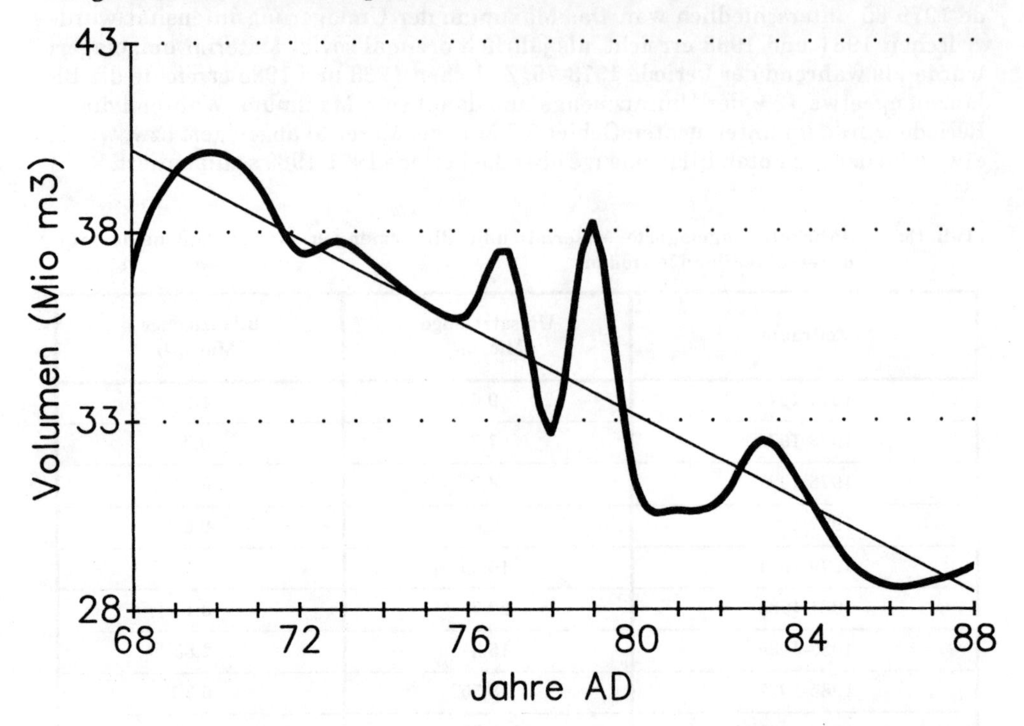

Abb. 38: Wasserraumentwicklung unter SKN des gesamten Außeneiderbereiches zwischen 1868 und 1988 (Teilweise nach AMT FÜR LAND- UND WASSERWIRTSCHAFT, HEIDE, 1986).

Die Abnahme auf 29 Mio. m^3 war schon um 1985 erreicht, wonach sich der Wasserraum stabilisierte.

Abb. 39 zeigt die Wasserraumentwicklung der vier Teilabschnitte getrennt. Die Abnahme der Wasserräume in den Abschnitten I und IV hängen vor 1979 mit der Abdämmung der Eider bei Hundeknöll, zwischen 1979 und 1981, wahrscheinlich vor allem mit der Durchdämmung bei Vollerwiek zusammen. Es fällt auf, daß die Abnahme in diesen Teilabschnitten schon um 1981 zum Stillstand gekommen ist. In den Teilabschnitten II und III dagegen findet die Abnahme der Wasserräume vor allem zwischen 1979 und 1982, bzw. zwischen 1983 und 1985 statt. Dies deutet eher auf einen ursächlichen Zusammenhang mit der Durchdämmung bei Vollerwiek hin. Es ist bemerkenswert, daß die Wasserraumabnahme in diesen beiden Teilabschnitten vor 1979 unsignifikant war. Dies deutet daraufhin, daß die Abdämmung bei Hundeknöll hier nur wenig Einfluß hatte. Somit wird auch die direkte Korrelation zwischen der Abdämmung bei Hundeknöll und die Wasserraumentwicklung in diesem Abschnitt fragwürdig. Eine andere Erklärung läßt sich aber (vorerst) nicht ermitteln.

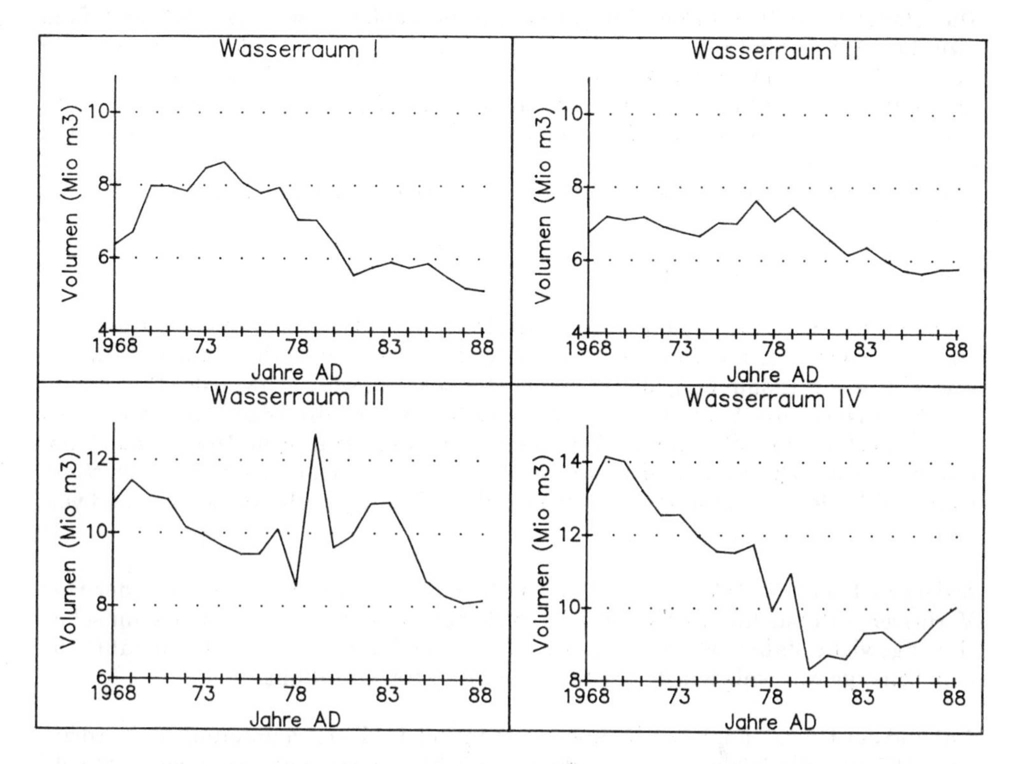

Abb. 39: Wasserraumentwicklung unter SKN in vier Teilabschnitten der Außeneider zwischen 1968 und 1988 (Teilweise nach AMT FÜR LAND- UND WASSERWIRTSCHAFT, HEIDE, 1986) (Lage der Wasserräume siehe Abb. 35).

In Abb. 40 oben wird die Bilanzentwicklung der Teilabschnitte II, III und IV unterhalb SKN dargestellt, in Abb. 40 unten die Bilanzentwicklung im Untersuchungsgebiet.

Obwohl die Ganglinien auf dem ersten Blick parallel verlaufen, entwickeln sie sich zwischen 1979 und 1985 unterschiedlich.

In den Teilabschnitten II, III und IV unterhalb SKN findet die stärkste Sedimentation (etwa 5,9 Mio. m^3) zwischen 1979 und 1981 statt. Im Untersuchungsgebiet, d.h. sowohl unterhalb als oberhalb SKN, wird in dieser Periode etwa 2,8 Mio. m^3 Sand abgelagert. Ein Großteil des Materials, daß für die Zuschüttung der Rinnen benötigt wurde, wurde demnach aus den über SKN liegenden Bereichen erodiert. Dies würde bedeuten, daß die Vollerwiek Plate zwischen 1979 und 1981 der Erosion unterlag. Die Bilanzierung eines etwa 2 km^2 großen Teilbereiches der Plate zwischen 1979 und 1981 ergab tatsächlich einen Abtrag von etwa 0,8 Mio. m^3. Eine

Bilanzierung der gesamten Vollerwiek Plate konnte aus zeitlichen Gründen leider (noch) nicht durchgeführt werden, wäre aber im Hinblick auf den Sedimenthaushalt von großem Interesse.
Die stärkste Sedimentation im Untersuchungsgebiet (etwa 5,7 Mio. m^3) fand zwischen 1983 und 1985 statt, in den unter SKN liegenden Tiderinnen wurde in diesem Zeitraum etwa 3,2 Mio. m^3 Sand abgelagert. Somit unterlagen während dieser Phase sowohl die unterhalb als oberhalb SKN liegenden Bereiche der Sedimentation. Der Ursprung des Materials muß demnach außerhalb des untersuchten Gebietes liegen.
Seit 1985 finden keine nennenswerten Höhenänderungen mehr statt.

5.3.3.3 Zusammenfassung

Wie aus der Wasserraumbetrachtung des Dezernates Gewässerkunde Büsum hervorgeht, wurde das morphodynamische Gleichgewicht der Teilabschnitte I und IV sowohl von der Abdämmung der Eider bei Hundeknöll, wie auch von der Durchdämmung der Nordrinne bei Vollerwiek, stark gestört. Der Einfluß der Abdämmung ließ hier spätestens um 1979, der der Durchdämmung um 1981, nach. Die Morphodynamik der Teilabschnitte II und III wurde stark durch die Durchdämmung der Nordrinne bei Vollerwiek gestört. Um 1985 ist diese Störung auch hier weitgehend vorbei.

Zwischen 1971 und 1979, sowie auch zwichen 1985 und 1989 befand sich der vom Verfasser untersuchte Teilbereich der Außeneider in einem morphodynamischen Gleichgewicht. Jährlich wurde etwa 8,83 Mio. m^3 Sand umgelagert. Die jährliche Bilanzmenge war während dieses Zeitabschnittes unsignifikant.

Anhand der Umsatzanalysen ließ sich der Einfluß der Durchdämmung der Nordrinne in 1979 auf die Morphodynamik im untersuchten Bereich der Außeneider sowohl zeitlich scharf abgrenzen, wie auch quantifizieren. Die Störung läßt sich in drei Phasen unterteilen.
Die erste Phase dauerte von 1979 bis 1981. Während dieser Periode wurde in dem Bereich unterhalb SKN etwa 5,7 Mio. m^3 Material abgelagert. Zumindest ein Großteil dieses Sediments kam aus dem über SKN liegenden Teilbereich, was hier zu starken Erosionen führte. Die Umsatzrate nahm während dieser Phase auf etwa 16,05 Mio. m^3/J zu.
Während der zweiten Phase, von 1981 bis 1983, traten im untersuchten Gebiet nur geringe Höhenänderungen auf. Diese Periode wird aber durch ein Maximum der Umlagerungsintensität von etwa 22,7 Mio. m^3/J gekennzeichnet. Das Gebiet stellt jetzt ein morphodynamisches System auf der Suche nach seinem Gleichgewicht dar.
Die dritte Phase dauerte von 1983 bis 1985. Im Untersuchungsgebiet fand während dieses Zeitabschnittes erneut eine starke Sedimentation von etwa 5,7 Mio. m^3 statt. Da diese Sedimentation sowohl unterhalb, wie auch oberhalb SKN stattfand, muß es eine externe Sedimentquelle gegeben haben. Die Umsatzrate nahm während dieser Phase auf etwa 15,3 Mio. m^3/J ab.

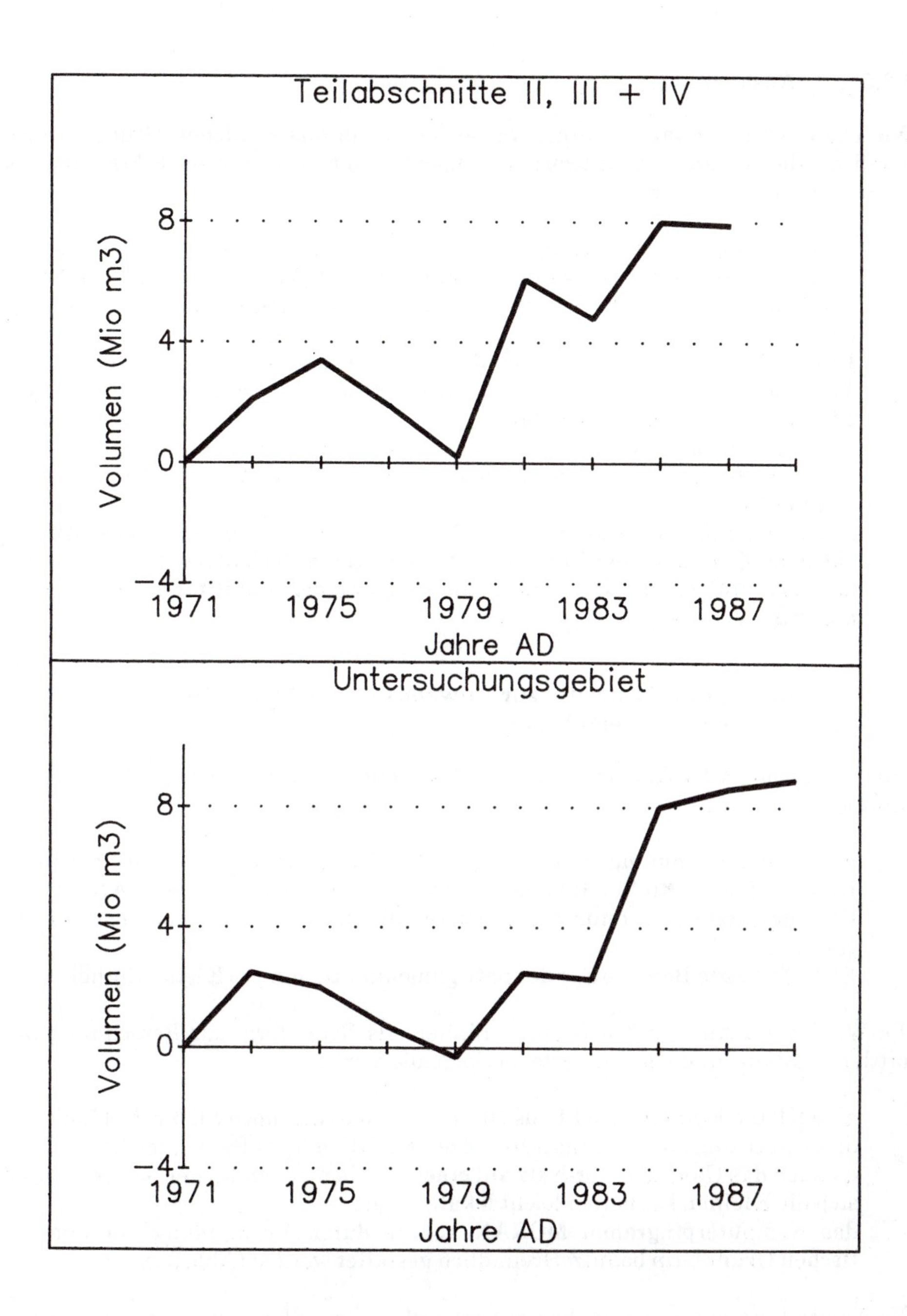

Abb. 40: Vergleich der Wasserraumentwicklung der Teilabschnitte II, III und IV unterhalb SKN (oben) mit der Entwicklung im Untersuchungsgebiet (unten).

5.3.5 Ausblick

Wie oben bereits erwähnt wurde, war es vor allem aus zeitlichen Gründen nicht möglich alle Fragen zu beantworten. Folgende Themen wären nach Meinung des Verfassers noch zu erarbeiten:

- Ausdehnung der morphologischen Analysen anhand des MORAN-Auswertungsverfahrens auf der gesamten kartenmäßig erfaßten Außeneider, sowie der Tideeider, unter Einbeziehung aller vorhandenen geodätischen Vermessungen;
- Durchführung einer hydrodynamischen Charakterisierung der Außen- und Tideeider anhand des in Kap. 3 dargestellten hydrologischen Parameters potentieller Transportkapazität T_{pot};
- Verknüpfung der Hydro- und Morphodynamik der Außen- und Tideeider;
- genauere Analyse des Materialhaushalts im Hinblick auf den Ursprung des Sediments;
- morphologische Modellierung (mit Hilfe des MORAN-Verfahrens) der Außeneider mit dem Ziel einer Prognose des zukünftigen Verhaltens der Tiderinnen, bzw. der Vollerwiek plate, sowie eine Prognose der Stabilität der Durchdämmung bei Vollerwiek.

5.4 Allgemeine Hinweise zur Anwendung des MORAN-Auswertungsverfahrens

Eine morphologische Analyse mit Hilfe des MORAN-Verfahrens enthält folgende Schritte:

- manuelle Bestimmung der topographischen Höhe der einzelnen Teilflächen;
- Eingabe der ermittelten Höhenwerte im Komputerprogramm MORAN;
- EDV-gestützte Berechnung der mittleren Bilanz- und Umsatzhöhen pro Kleine Einheit;
- EDV-gestützte Berechnung der Sättigungsfunktionen pro Kleine Einheit.

Die Wahl der 1 km^2 großen Kleinen Einheit als Grundform zur Berechnung der mittleren Bilanz- und Umsatzwerte hat folgende Vorteile:

- eine Kleine Einheit besteht aus 100 Teilflächen, was nach SIEFERT (1987) für die Ermittlung einer charakteristischen Funktion $h_u = f(a)$ ausreicht;
- da auch das Gauß-Krüger-Netz auf einem flächentreuen Raster basiert, lassen sich die Kleinen Einheiten leicht lokalisieren;
- das Komputerprogramm MORAN konnte durch Verwendung der quadratischen Grundform benutzerfreundlich gestaltet werden (Abb. 20).

Die Anwendung einer künstlichen quadratischen Grundform in einem Naturraum birgt aber auch einen schwerwiegenden Nachteil in sich. Die Grenze einer morphodynamischen Einheit (Rinne, Plate, usw.) wird nur äußerst selten entlang einer der Gauß-Krüger Koordinaten verlaufen. Somit ist es möglich, daß eine kleine Einheit

zur Hälfte in einer Rinne und zur Hälfte auf einer Plate liegt. Die für diese Kleine Einheit erzielten Mittleren Bilanz- und Umsatzwerte haben demnach nur eine geringere morphologische Aussagekraft. Es leuchtet somit ein, daß eine morphodynamische Analyse anhand der Kleinen Einheiten nur ein generalisiertes Bild der Morphodynamik des Gebietes vermitteln kann. Je nach Größe des Untersuchungsgebietes und nach Zielsetzung kann dies aber durchaus gerechtfertigt sein. Für eine Detailuntersuchung reicht es allerdings nicht.
Dies zeigt sich im Elb-Randbereich Brammerbank/Krautsander Watt, wo eine Einteilung in Kleine Einheiten die natürlichen Gegebenheiten zu grob wiedergibt. Die Einteilung in "morphologische" Einheiten erfolgte hier in Abstimmung mit der Topographie und allgemeinen Vorkenntnissen bezüglich der Morphodynamik eines Wattengebietes (die Morphodynamik einer Plate unterscheidet sich grundlegend von der einer Rinne). Die Resultate aus dem Elb-Randbereich Brammerbank/Krautsander Watt belegen eindeutig, daß eine derartige Anwendung des MORAN-Verfahrens angebracht sein kann.
In der Außeneider gab es bei der Untergliederung folgendes Problem. Obwohl für jede einzelne Kartenaufnahme eine Einteilung in "morphologische" Einheiten möglich war, war dies über den gesamten Betrachtungszeitraum wegen der großen Verlagerungsgeschwindigkeit der Einheiten unmöglich. Somit konnte hier nur ein Mittelwert für das Gesamtgebiet ermittelt werden. Es wäre denkbar hier mit sog. zeitflexiblen Grenzen zu arbeiten, d.h. nachdem die "morphologische" Einheit klar definiert ist, könnte man sie im Raum verfolgen. Leider konnte dieses Verfahren aus zeitlichen Gründen nicht erprobt werden.

Die Berechnung der Sättigungsfunktionen erfolgt jeweils über den gesamten Betrachtungszeitraum, d.h. die mittlere Morphodynamik über den Gesamtzeitraum wird erfaßt. In mehr oder weniger stabilen Gebieten ist dies angebracht, nicht aber in Gebiete, wo (anthropogene) Störungen zeitlich zu erheblichen Änderungen der Morphodynamik führen können. Als Beispiel kann wiederum die Außeneider genannt werden, wo menschliche Eingriffe zu erheblichen Änderungen des natürlichen Prozeßgefüges führten. Hier erwies sich die temporär differenzierte Ermittlung der Umsatzwerte (Abb. 36, Tab. 13) als hilfreich für die zeitliche Begrenzung der Störungen. Wenn diese zeitliche Eingrenzung erfolgt ist, können, unter der Voraussetzung, daß genügend Kartenaufnahmen vorliegen, für die einzelnen Perioden mit unterschiedlicher Morphodynamik Sättigungsfunktionen ermittelt werden.

Insgesamt zeigt sich, daß sich das EDV-gestützte MORAN-Verfahren sehr flexibel einsetzen läßt. Es eignet sich sowohl für eine morphodynamische Charakterisierung ganzer Watteinzugsgebiete, wie auch für Detailuntersuchungen in Teilbereichen eines Wattes. Schließlich kann noch erwähnt werden, daß theoretisch eine beliebige flächenmäßige und zeitliche Auflösung der Teilflächen bzw. des Mindestvergleichszeitraumes möglich ist. Diese Auflösung wird nur von der Genauigkeit der geodätischen Vermessungen begrenzt.

6 SCHLUSSFOLGERUNGEN

Zur Erfassung der Wechselbeziehungen zwischen den einwirkenden Energien aus Strömung und Seegang und den daraus resultierenden Materialumlagerungen können folgende Überlegungen angestellt werden.
Topographische Änderungen eines Gebietes können durch Berechnung der Höhendifferenzen zwischen topographischen Aufnahmen quantifiziert werden. Die erzielten Bilanzwerte können anschließend mit Änderungen der hydrologischen Prozesse während des Vergleichszeitraumes verglichen werden. Es ist aber unmöglich, diese Massenbilanzen direkt mit dem Energiespektrum des Gebietes zu vergleichen. Ein Bilanzwert von null bedeutet beispielsweise nicht, daß während des Vergleichszeitraums keine Strömungs- und Seegangseinwirkung auf der Sohle stattgefunden hat, sondern nur, daß die hydrologischen Prozesse im Gebiet im dynamischen Gleichgewicht mit der Morphologie standen. Anhand von Umsatzwerten ist es theoretisch möglich, die Intensität der Materialumlagerungen im absoluten Sinne zu erfassen und zu quantifizieren. Bislang war aber eine verläßliche praxisgerechte Ermittlung dieser Umsatzwerte unmöglich, denn es konnten nur die Umsatzmengen über einen bestimmten Vergleichszeitraum ermittelt werden, nicht die zwischenzeitlich abgelaufenen Umlagerungen (DAMSCHNEIDER & FELSHART, 1987). Folglich nimmt der Unterschied zwischen meßbarem und tatsächlich aufgetretenem Umsatz mit zunehmendem Vergleichszeitraum zu (SIEFERT, 1987). Wegen der Komplexität des natürlichen Prozessgefüges im Wattengebiet, sowie der großen technischen (und finanziellen) Probleme bei Wattvermessungen, wird es vorläufig unmöglich bleiben, den tatsächlich aufgetretenen Umsatz über längere Zeiträume für größere Gebiete zu ermitteln. Vielleicht wird es in der weiteren Zukunft möglich sein, mit Hilfe der Fernerkundung die Probleme der Wattvemessungen zu lösen.
Auch die mit Hilfe der Sättigungsfunktion berechnete Umsatzrate kann wegen des zu großen Mindestvergleichszeitraumes nicht die tatsächlich aufgetretenen Materialumlagerungen quantifizieren. Da die Umsatzrate aber als Mittelwert über (möglichst) viele Kartenvergleiche und über einen (möglichst) langen Zeitraum bestimmt wird, erlaubt sie trotzdem eine allgemeine indikative Aussage über die morpholgische Aktivität eines Gebietes während des Betrachtungszeitraumes. Folglich lassen sich anhand der Umsatzrate Gebiete mit unterschiedlicher morphologischer Aktivität voneinander abgrenzen und definieren.

Zur Erfassung von morphologisch/topographischen Änderungen eines Wattengebietes zeigt sich eine flächenhafte Bilanzanalyse als erfolgreiches Instrument. Die momentane Morphodynamik eines Wattengebietes läßt sich jedoch am besten durch eine flächenhafte Umsatzanalyse charakterisieren. Eine detaillierte morphologische Untersuchung eines Gebietes sollte deswegen sowohl eine Bilanz- wie auch eine Umsatzanalyse anhand des EDV-gestützten MORAN-Verfahrens umfassen.

Zur Ermittlung der einwirkenden Energien aus Strömung und Seegang sind zwei Parameter entwickelt worden. Die mittlere Seegangsenergieumwandlung im Außenwatt läßt sich flächenmäßig durch die Leistungsabgabe (W/ha) ermitteln. Anhand dieses Verfahrens ließen sich theoretisch auch die flächenhaften Seegangsenergieumwandlungen während einer Sturmflut quantifizieren. Die Ermittlung der einwirkenden Tideströmungsenergien ist viel komplizierter, weil hier der Faktor

Topographie eine maßgebliche Rolle spielt. Trotzdem wurde ein Parameter entwickelt, womit die *potentielle* Transportkapazität T_{pot} (m) des fließenden Wasserkörpers ermittelt werden kann.
Gemeinsam erlauben die hydrolgischen Kennwerte die Zergliederung eines Watteinzugsgebietes in Teilbereiche unterschiedlichen Energiehaushaltes.

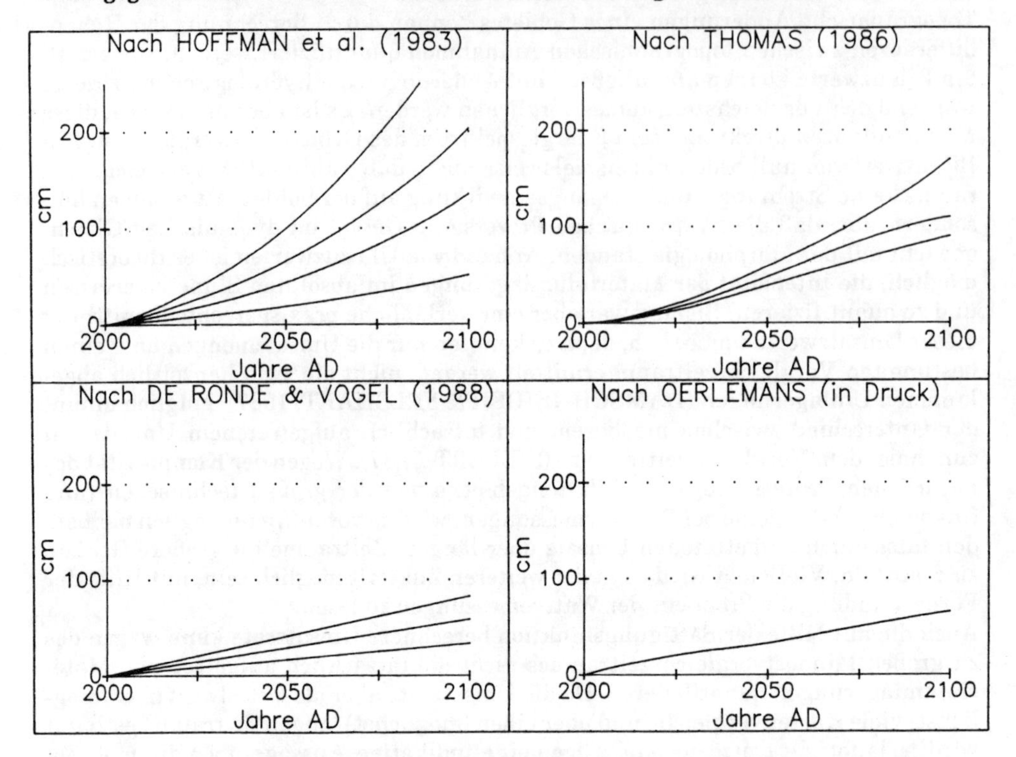

Abb. 41: Vergleich einiger Szenarien zum Meeresspiegelanstieg bis 2100.

Während der letzten zehn Jahre sind viele Untersuchungen darüber angestellt worden, wie sich die von den Menschen induzierten Klimaänderungen auf den Meeresspiegelanstieg auswirken wird. Es wird angenommen, daß die Temperaturzunahme zu einer Beschleunigung des Meeresspiegelanstieges führen wird. Die Art dieser Beschleunigung, sowie die Größe des daraus resultierenden Anstieges sind allerdings umstritten (Abb. 41). Die meisten Szenarien gehen jedoch von einem Mindestanstieg von etwa 60 bis 80 cm bis zum Jahre 2100 aus, d.h. eine Zunahme um 300 bis 400% gegenüber des letzten Jahrhunderts. Dies würde schwerwiegende Konsequenzen für die morphologische Entwicklung des deutschen Wattengebietes bzw. für den Küstenschutz haben.
Das MORAN-Auswertungsverfahren bzw. die in dieser Arbeit entwickelten hydrologischen und morphologischen Parameter bieten ein Instrumentarium, womit die Folgen dieser hydrologischen Änderungen auf die Morphodynamik des Wattengebietes prognostiziert werden können. Damit wird eine wesentliche Voraussetzung für die Durchführung von vorausschauenden Maßnahmen im Küstenschutz geschaffen.

7 ZUSAMMENFASSUNG

Im Jahre 1978 wurde im KFKI (Kuratorium für Forschung im Küsteningenierwesen eine Projektgruppe: "MORAN, Morphologische Analysen Nordseeküste" gebildet. Überragendes Ziel war die Herausarbeitung der morphologischen Veränderungen im Wattengebiet der deutschen Nordseeküste, etwa im Hinblick auf die praktische Arbeit an der Küste. Eines der Ergebnisse war die Entwicklung einer Sättigungsfunktion

$$h_u = h_{ua}\,(1-e^{-a/a_0})$$

für die Umsatzhöhe h_u (cm) eines Gebietes, die über den Vergleichszeitraum a (J) bestimmt werden kann. Aus dieser Sättigungsfunktion lassen sich drei Parameter, die die Morphodynamik eines Wattengebietes charakterisieren, ermitteln:

- Die asymptotische Umsatzhöhe h_{ua} erlaubt eine Aussage über die maximalen mittleren Höhenänderungen, die auftreten können.
- Die morphologische Varianz ß als reziproker Wert von a_0 erlaubt eine Aussage über die Dauer der gleichbleibenden Tendenzen: Sedimentation oder Erosion.
- Die Umsatzrate h_{ua}/a_0 schließlich erlaubt eine allgemeine Aussage über die Intensität der Umlagerungen bzw. die Morphodynamik und läßt sich somit direkt mit der Hydrodynamik des Gebietes vergleichen.

In der vorliegenden Arbeit ist der Neuwerk/Scharhörner Wattkomplex anhand dieser morphologischen Kennwerte in sieben Teilgebiete unterschiedlicher Morphodynamik untergliedert worden.

Die Hydrodynamik des Wattkomplexes wird von den einwirkenden Energien aus Seegang und Tideströmung geprägt. Während Sturmfluten werden diese Prozesse in Teilbereichen des Wattes von den Triftströmungen überlagert.
Westlich der Außensände wird die Morphodynamik maßgebend von den einwirkenden Energien aus Seegang gesteuert. Die Seegangsenergieumwandlung (W/ha) konnte anhand der linearen Wellentheorie von AIRY-LAPLACE flächenhaft für das Scharhörnriff ermittelt werden. Die einwirkenden Energien aus (Trift- und) Tideströmung wurden für den Neuwerk/Scharhörner Wattkomplex anhand des Parameters *potentieller* Transportkapazität T_{pot} (m) ermittelt.
Mit Hilfe dieser beiden hydrologischen Kennwerte war es möglich den Wattkomplex in Teilbereiche unterschiedlicher Hydrodynamik zu untergliedern und anschließend mit den morphodynamischen Teilgebieten zu verknüpfen.

Das MORAN-Auswertungsverfahren wurde zusätzlich im Elb-Randbereich Brammerbank/Krautsander Watt und in der Außeneider erprobt. Es zeigte sich, daß sich das EDV-gestützte Verfahren sehr flexibel einsetzen läßt. Es eignet sich sowohl für eine morphodynamische Charakterisierung ganzer Watteinzugsgebiete, wie auch für Detailuntersuchungen in Teilbereichen eines Wattes. Die zeitliche und räumliche Auflösung wird dabei theoretisch nur von der Genauigkeit der geodätischen Vermessungen begrenzt.

Im Hinblick auf die erwartete Beschleunigung des Meeresspiegelanstieges bieten die in dieser Arbeit entwickelten morphologischen und hydrologischen Parameter ein Instrumentarium, womit die Folgen dieser hydrologischen Änderungen auf die Morphodynamik des Wattengebietes prognostiziert werden können.

Summary

THE HYDRO- AND MORPHODYNAMICS OF THE INNER GERMAN BIGHT AND THE ELB-ESTUARY

In 1978 the German Coastal Engineering Board initiated the scientific project: "MORAN: Morphological Analysis of the German North-Sea-Coast". Main goal was the establishment of the morphological changes along the German Wadden-Sea-Coast with respect to coastal engineering measures. One of the results was the development of a saturation function for the turnover height h_u (cm) of a certain area, over the time interval a (annum) between two surveys, which can be given as

$$h_u = h_{ua} (1-e^{-a/a_0})$$

From this function, three morphological parameters which describe the morphodynamics of a certain area can be calculated:

- the asymptotic turnover height h_{ua} allows a statement about the maximum average height changes which may occur;
- the morphological variance ß, as the reciprocal of a_0, allows a statement about the duration of steady trends: sedimentation or erosion;
- finally the turnover rate h_{ua}/a_0 allows a general statement about the morphodynamics and thereby a direct comparison with the hydrodynamics of the area.

With these parameters, the Neuwerk/Scharhörn tidal flats have been divided into seven morphodynamically similar regions.

The hydrodynamics of the German Wadden-Sea-Coast are dominated by wave and current energies. The wave energy dissipation (W/ha) west of the Scharhörner Plate has been determined using the linear wave theory of AIRY-LAPLACE. The current energy upon the tidal flats has been characterized using the hydrological parameter *potential* transport capacity T_{pot} (m).
By means of these parameter the Neuwerk/Scharhörn tidal flats have been subdivided in hydrodynamically similar regions. Subsequently these regions were compared with the seven morphodynamic units.

Finally the MORAN-Method has been tested in two other regions along the German North-Sea-Coast. It turned out that this newly developed method can be used very flexible. It can be utilized for an overall morphodynamical characterization of an entire tidal flat area as well as for more detailed investigations of small parts of the tidal flats. Theoretically, the resolution in time and space is restricted only by the precision of the geodetic surveys.

With regard to the expected acceleration in sea-level rise during the next decades the morpho- and hydrological parameters can be used to forecast the impacts of these hydrological changes upon the morphodynamics of the German North-Sea-Coast.

8 LITERATURVERZEICHNIS

ALLEN, G.P., J.C. SALOMON, P. BASSOULLET, Y. DU PENHOAT & C. DE ANDPRE (1980): Effects of tides on mixing and suspended sediment transport in macrotidal Estuaries. In: Sedimentary Geology, 26.

ALPHEN, J.S.L.J. VAN & M.A. DAMOISEAUX (1987): A morphological map of the Dutch shoreface and adjacent part of the continental shelf (1 : 250.000). Rijkswaterstaat, Directie Noordzee, Nota: NZ-N-87.21/MDLK-R-87.18.

AMT FÜR LAND UND WASSERWIRTSCHAFT, HEIDE (1986): Teilsachstandsbericht Eider. In: Büsumer Gewässerk. Ber., 52.

BANTELMANN, A. (1966): Die Landschaftsentwicklung im nordfriesischen Küstengebiet, eine Funktionschronik durch fünf Jahrtausende. In: Die Küste, 14(2): 5-99.

BARTH, M.C. & J.G. TITUS (Hrsg., 1984): Greenhouse effect and sea level rise. Van Norstrand Reinhold, New York.

BARTHEL, V. (1981): Vergleich der Topographie 1974-79 des Testfeldes "Knechtsand" im Rahmen des MORAN-Projektes. Strom- und Hafenbau, Ref. Hydr. Unterelbe, Studie 51 (unveröff.).

BEHRE, K.-E. (1987a): Der Anstieg des Meeresspiegels in den letzten 10.000 Jahren. In: NORDWESTDEUTSCHE UNIVERSITÄTSGESELLSCHAFT e.V. (Hrsg.): Wilhelmshafener Tage 1: 13-18.

BEHRE, K.-E. (1987b): Meeresspiegelbewegungen und Siedlungsgeschichte in den Nordseemarschen. Vortr. der Oldenburgischen Landschaft 17.

BRANDT, (1980): Die Höhenlage ur- und frühgeschichtlicher Wohnniveaus in nordwestdeutschen Marschengebieten als Höhenmarken ehemaliger Wasserstände. In: Eiszeitalter und Gegenwart, 30: 161-170.

CARTER, R.W.G. (1988): Coastal environments. An introduction to the physical, ecological and cultural systems of coastlines. Acad. Press, Harcourt Brace Jovanovich, Publ., London.

CHRISTIANSEN, H. (1976): Umformung von Sandstränden durch Sturmfluten. In: Hamb. Küstenf., 35: 37-72.

CHRISTIANSEN, C., J.T. MOLLER & J. NIELSEN (1985): Fluctuation in sea-level and associated morphological response: Examples from Denmark. In: Eiszeitalter und Gegenwart, 35: 89-108.

DAMMSCHNEIDER, H.-J. (1983): Morphodynamik, Materialbilanz und Tidewassermenge der Unterelbe. Berlin (Berliner Geogr. Studien, 12).

DAMMSCHNEIDER, H.-J. (1988): Luftbildkartierung von Schwimmerbahnen - Eine Methode zur iterativen Aufnahme von flächenhaften Strömungsverteilungen und ihr Vergleich zur punktuellen In-situ-Meßwertgewinnung. In: Die Küste, 47: 305-335.

DAMMSCHNEIDER, H.-J. & Th. FELSHART (1987): Interne Stromfäden und influviale Schwemmfächer - Angewandte Morphodynamik in Tideflüssen. Berlin (Berl. Geogr. Studien, 25: 75-94).

DIETRICH G. (1954): Ozeanographisch-meteorologische Einflüsse auf Wasserstandsänderungen des Meeres am Beispiel der Pegelbeobachtungen von Esbjerg. In: Die Küste, 2(2): 130-156.

EHLERS, J. (1988a): The morphodynamics of the Wadden Sea. A. A. Balkema Publ., Rotterdam.

EHLERS, J. (1988b): Morphologische Veränderungen auf der Wattseite der Barriere-Inseln des Wattenmeeres. In: Die Küste, 47: 3-30.

EKMAN, M. (1988): The World's longest continued series of sea level observations. Pure Appl. Geophys., 127.

FLOHN, H. (1985): Das Problem der Klimaänderungen in Vergangenheit und Zukunft. Darmstadt (Erträge der Forschung, 220).

FÜHRBÖTER, A. (1974): Einige Ergenisse aus Naturuntersuchungen in Brandungszonen. In: Mitt. des Leichtweiß-Inst. der TU-Braunschweig, 40: 331-366.

FÜHRBÖTER, A. (1983): Über mikrobiologische Einflüsse auf den Erosionsbeginn bei Sandwatten. In: Wasser und Boden, 3.

GÖHREN, H. (1965): Beitrag zur Morphologie der Jade- und Wesermündung. In: Die Küste, 13: 140-146.

GÖHREN, H. (1968): Über die Genauigkeit der küstennahen Seevermessung nach dem Echolotverfahren. In: Hamb. Küstenf., 2: 51-100.

GÖHREN, H. (1969): Die Strömungsverhältnisse im Elbmündungsgebiet. In: Hamb. Küstenf., 6.

GÖHREN, H. (1970): Studien zur morphologischen Entwicklung des Elbmündungsgebietes. In: Hamb. Küstenf., 14.

GÖHREN, H. (1971): Untersuchungen über die Sandbewegung im Elbmündungsgebiet. In: Hamb. Küstenf., 19.

GÖHREN, H. (1975): Zur Dynamik und Morphologie der hohen Sandbänke im Wattenmeer zwischen Jade und Eider. In: Die Küste, 27: 28-49.

GÖRNITZ, V., S. LEBEDEFF & J. HANSEN (1982): Global sea-level trend in the past century. In: Science, 215: 1611-1614.

GÖRNITZ, & SOLOW, (in Vorb.): Observations of long-term tide-gauge records for indications of accelerated sea-level rise. Manuskript für: DOE-Workshop on climatic change, 1989.

HANISCH, J. (1980): Neue Meeresspiegeldaten aus dem Raum Wangerooge. In: Eiszeitalter und Gegenwart, 30: 221-228.

HJULSTRÖM, F. (1939): Transportation of detritus by moving water. In: TRASK, P.D. (Hrsgb): Recent Marine Sediments. Am. Assoc. Petrol. Geol., 5-31.

HOFFMAN, J., KAYES, D. & J. TITUS (1983): Projecting future Sea Level Rise. Gov. Printing Office, Washington D.C.

HOFSTEDE, J.L.A. (1989): Parameter zur Beschreibung der Morphodynamik eines Wattgebietes. In: Die Küste, 50: 197-212.

HOFSTEDE, J.L.A., H.J.A. BERENDSEN & C.R. JANSSEN (1989): Holocene palaeogeography and palaeoecology of the fluvial area near Maurik (Neder-Betuwe, The Netherlands). In: Geologie en Mijnbouw, 68: 409-419.

HOFSTEDE, J.L.A. & A. SCHÜLLER,(1988): Dynamisch-morphologische Analysen im Wattengebeit der Deutschen Bucht. Ergebnisse des KFKI-Projektes MORAN1 und Ausblicke für MORAN2. Hamburg (Hamb. Geogr. Studien, 44: 121-130).

HOMEIER, H. (1969): Der Gestaltenwandel der ostfriesischen Küste im Laufe der Jahrhunderte - Ein Jahrtausend ostfriesischer Deichgeschichte. In: OHLING, J. (1969): Ostfriesland im Schutze des Deiches, 2: 3-75.

HOMEIER, H. (1974): Beiheft zu: Niedersächsische Küste, Historische Karte 1 : 50.000 Nr. 8: 20 pp. Norderney (Forschungsstelle für Insel- und Küstenschutz).

JELGERSMA, S. (1966): Sea-Level Changes during the last 10.000 Years. In: SAWYER, J.S. (Hrsg.): World Climate from 8.000 to 0 BC. London (Royal Meteorological Society, Proc. of the Intern. Symp. Held at Imperial College, 54-71).

JELGERSMA, S. (1979): Sea-Level Changes in the North Sea basin. In: OELE, E., R.T.E. SCHÜTTENHELM & A.J. WIGGERS, (Hrsg.): The Quaternary History of the North Sea. Uppsala (Acta University. Annum Quingentesimum Celebrantis, 2: 233-248).

JELGERSMA, S., J. DE JONG, W.H. ZAGWIJN & J.F. VAN REGTEREN ALTENA (1970): The Coastal Dunes of the Western Netherlands; Geology, Vegetational Hystory and Archeology. In: Med. Rijks Geol. Dienst, Nieuwe Serie, 21: 93-167.

KLUG, H. (1980): Art und Ursachen des Meeresanstieges im Küstenraum der südwestlichen Ostsee während des jüngeren Holozäns. Berlin (Berl. Geogr. Studien, 7: 27-37).

KLUG, H. & B. HIGELKE (1979): Ergebnisse geomorphologischer Seekartenanalysen zur Erfassung der Reliefentwicklung und des Materialumsatzes im Küstenvorfeld zwischen Hever und Elbe 1936-1969. DFG-Forschungsber. Sandbewegung im Küstenraum, Verl. H. Boldt, Boppard: 125-145.

KÖHN, W. (1989): Paläogeographische Karten des Holozäns für die südliche Nordseeküste. Diss. Univ. Hannover, Hannover.

KOMAR, P.D. & M.C. MILLER (1973): The threshold of sediment movement under oscillatory water waves. In: Journ. Sed. Petr., 43: 1101-1110.

LAMB, H.H. (1972, 1977): Climate, Present, Past and Future. Vol. I-II, Methuen, London.

LAMB, H.H. (1980): Climatic fluctuations in historical times and their connexion with transgressions of the sea, stormfloods and other coastal changes. In: VERHULST, A. & M.K.E. GOTTSCHALK (Hrsg.): Transgressies en occupatiegeschiedenis in de kustgebieden van Nederland en Belgie. Belg. Centr. Land. Gesch. Publ., 66: 251-290.

LAMB, H.H. (1982a): Climate, history and the modern world. Methuen, London.

LAMB, H.H. (1984): Climate and history in northern Europe and elsewhere. In: MÖRNER, N.-A. & W. KARLEN, (Hrsg.): Climatic Changes on a Yearly to Millennial Basis. D. Reidel Publ. Comp., Dordrecht, Boston, Lancaster.

LANG, A.W. (1970): Untersuchungen zur morphologischen Entwicklung des südlichen Elbe-Ästuars von 1560 bis 1960. In: Hamb. Küstenf., 12.

LANG, A.W. (1975): Untersuchungen zur morphologischen Entwicklung des Dithmarscher Watts von der Mitte des 16. Jahrhunderts bis zur Gegenwart. In: Hamb. Küstenf., 31.

LASSEN, H. (1989): Örtliche und zeitliche Variationen des Meeresspiegels in der südöstlichen Nordsee. In: Die Küste, 50: 65-96.

LASSEN, H., G. LINKE & G. BRAASCH (1984): Säkularer Meeresspiegelanstieg und tektonische Senkungsvorgänge an der Nordseeküste. In: Zeitschr. Vermessungswesen und Raumordnung, 46(2): 106-126.

LEOPOLD, L.B. & T. MADDOCK, (1953): The hydraulic geometry of stream channels and some physiographic implications. U.S. Geol. Survey Prof. Papers, 252.

LINKE, G. (1969): Die Entstehung der Insel Scharhörn und ihre Bedeutung für die Überlegungen zur Sandbewegungen in der Deutschen Bucht. In: Hamb. Küstenf., 11: 45-84.

LINKE, G. (1970): Über die geologischen Verhältnisse im Gebiet Neuwerk/Scharhörn. In: Hamb. Küstenf., 17: 17-58.

LINKE, G. (1979): Ergebnisse geologischer Untersuchungen im Küstenbereich südlich Cuxhaven (Beitrag zur Diskussion holozäner Fragen. Probl. der Küstenf. im südlichen Nordseegebiet, 14: 39-83).

LINKE, G. (1982): Der Ablauf der holozänen Transgression der Nordsee aufgrund von Ergebnissen aus dem Gebiet Neuwerk/Scharhörn. Probl. der Küstenf. im südlichen Nordseegebiet, 14: 123-157.

MAISCH, M. (1989): Der Gletscherschwund in den Bünder-Alpen seit dem Hochstand von 1850. In: Geogr. Rundschau, 41(9): 474-485.

MALDE, J. van (1984): Voorlopige uitkomsten van voortgezet onderzoek naar de gemiddelde zeeniveaus in de Nederlandse kustwateren. RWS, DWW Nota WW-WH 84.08.

McCAVE, I.N. (1971): Wave effectiveness at the sea bed and its relationship to bed forms and deposition of mud. In: Journal Sed. Petrol., 41: 89-96.

MISDORP, R., F. STEYAERT, F. HALLIE & J. DE RONDE (1990): Climate change, sea level rise and morphological developments in the Dutch Wadden Sea, a marine wetland. In: BEUKEMA, J.J. et al. (eds): Expected effects of climatic change on marine coastal ecosystems: 123-131. 1990 Kluwer Acad. Publ.

MÖRNER, N.-A. (1973): Eustatic changes during the last 300 years. In: Paleogeogr. Paleoclim. Paleoecol., 13: 1-14.

MÖRNER, N.-A. (1976): Eustasy and geoid changes. In: J. Geol., 84: 123-151.

MÖRNER, N.-A. (1984): Climatic changes on a yearly to milennial basis. In: MÖRNER, N.-A. & W. KARLEN (Hrsg.): Climatic changes on a yearly to milennial basis. Reidel, Dordrecht: 1-13.

NEWMAN, W.S., L.F. MARCUS, R.R. PORDI, J.A. PACCIONI & S.M. TOMECK (1980): Eustasy and deformation of the geoid: 1.000 - 6.000 radiocarbon years BP In: MÖRNER, N.-A. (Hrsg.): Earth rheology, isostasy and eustasy. Wiley, New York: 555-567.

NIEMEYER, H.D. (1979): Untersuchungen zum Seegangsklima im Bereich der Ostfriesischen Inseln und Küste. In: Die Küste, 34: 53-70.

NIEMEYER, H.D. (1983): Über den Seegang an einer inselgeschützten Wattküste. BMFT-Forschungsbericht MF 0203.

NIEMEYER, H.D. (1986): Ausbreitung und Dämpfung des Seegangs im See- und Wattengebiet von Norderney. Jber. 1985, Forsch.-Stelle Küste, 37: 49-95, Norderney.

OERLEMANS, J. (1989): A projection of future sea level. Inst. of Meteor. and Oceanogr., Univ. of Utrecht, Utrecht, the Netherlands.

PETHICK, J. (1984): An introduction to coastal geomorphology. Edward Arnold Publ., London.

PICKRILL, R.A. (1983): Wave-built shelves on some low-energy coasts. In: Marine Geol., 51: 193-216.

POSTMA, H. (1967): Sediment transport and sedimentation in the estuarine environment. In: LAUFF, G.H. (Hrsgb): Estuaries, 38: 158-179. Washington (Am. Assoc. Advancem. Sci.).

REINECK, H.-E. (1975): Die Größe der Umlagerungen im Neuwerk/Scharhörner Watt. In: Hamb. Küstenf., 33: 1-28.

REINECK, H.-E. (1976): Einwirkungen der vier Sturmfluten im Januar 1976 auf die Wattsedimente zwischen dem Festland und der Insel Neuwerk. In: Hamb. Küstenf., 35: 25-36.

REINECK, H.-E. & W. SIEFERT (1980): Faktoren der Schlickbildung im Sahlenburger und Neuwerker Watt. In: Die Küste, 35: 26-51.

REINECK, H.-E. & I.B. SINGH (1980): Depositional Sedimentary Environments. Springer-Verlag, Berlin, Heidelberg, New York.

RENGER, E. (1976): Quantitative Analyse der Morphologie von Watteinzugsgebieten und Tidebecken. In: Mitt. des Franzius-Inst. der Univ. Hannover, 43.

RODLOFF, W. (1970): Über Wattwasserläufe. In: Mitt. des Franzius-Inst. der TU-Hannover, 34: 1-88.

ROELEVELD, W. (1980): De bijdrage van de aardwetenschappen tot de studie van de transgressieve activiteit langs de zuidelijke kusten van de Noordzee. In: VERHULST, A. & M.K.E. GOTTSCHALK

(Hrsg.): Transgressies en occupatiegeschiedenis in de kustgebieden van Nederland en Belgie. Colloq. Gent, 1978, Gent: Belgisch Centrum voor Landelijke Gesch., 66: 291-312.

ROHDE, H. (1977): Sturmfluhöhen und säkularer Wasserstandsanstieg an der deutschen Nordseeküste. In: Die Küste, 30: 52-143.

ROHDE, H. (1985): New aspects concerning the increase of sea level on the German North Sea coast. Proc. 19th Int. Coastal Eng. Conf., 1985: 899-911.

RONDE, J.G. de & J.A. VOGEL (1988): Zeespiegelrijzing, Hydro Meteo scenario's. RWS, dienst Getijdewateren, Nota: GWAO-88.015.

RUDDIMAN, W.F. & J.-C. DUPLESSY (1985): Conference on the last deglaciation: Timing and Mechanism. In: Quaternary Research, 23: 1-17.

SAMU, G. (1987): Geomorphologische Untersuchungen im Bereich der Brammerbank und des Krautsander Watts in der Unterelbe. In: Mitbl. d. Bundesanst. f. Wasserbau, 60.

SCHLEIDER, W. (1981): Das Peilwesen der Wasser- und Schiffahrts-verwaltung des Bundes im Küstengebiet. In: Der Seewart, 6.

SCHÜLLER, A. (1989): Bilanzentwicklung im Küstenvorfeld der südöstlichen Nordsee. In: Die Küste, 50: 213-229.

SCHWEINGRUBER, F.H., Th. BARTHOLIN, E. SCHÄR & K.R. BRIFFA, (1988): Radiodensitometric-dendroclimatological conifer chronologies from Lapland (Scandinavia) and the Alps (Switzerland). In: Boreas, 18: 559-566.

SHA, (1989): Variation in ebb-delta morphologies along the west and east frisian islands, the Netherlands and Germany. In: Marine Geology, 89: 11-28.

SIEFERT, W. (1974): Über den Seegang in Flachwassergebieten. In: Mitt. des Leichtweiß-Inst. der TU-Braunschweig, 40: 1-240.

SIEFERT, W. (1976): Hydrologische Daten aus dem Tidegebiet der Elbe und ihrer Nebenflüsse. In: Hamb. Küstenf., 35: 1-24.

SIEFERT, W. (1982): Bemerkenswerte Veränderungen der Wasserstände in den deutschen Tideflüssen. In: Die Küste, 37: 1-36.

SIEFERT, W. (1983): Morphologische Analysen für das KnechtsandGebiet (Pilotstudie des KFKI-Projektes MORAN). In: Die Küste, 38: 1-57.

SIEFERT, W. (1984): Hydrologische und morphologische Untersuchungen für das Mühlenberger Loch, die Außeneste und den Neßsand. In: Hamb. Küstenf., 43.

SIEFERT, W. (1987): Umsatz- und Bilanzanalysen für das Küstenvorfeld der Deutschen Bucht. Grundlagen und erste Auswertungen (Teil 1 der Ergebnisse eines KFKI-Projektes). In: Die Küste, 45: 1-57.

SIEFERT, W. & H. LASSEN, (1968): Vermessungsarbeiten im Elb-Mündungsgebiet. In: Hamb. Küstenf., 2: 1-50.

SIEFERT, W. & H. LASSEN, (1985): Gesamtdarstellung der Wasserstandsverhältnisse im Küstenvorfeld der Deutschen Bucht nach neuen Pegelauswertungen. In: Die Küste, 42: 1-77.

SIEFERT, W. & H. LASSEN (1987): Zum säkularen Verhalten der mittleren Watthöhen an ausgewählten Beispielen. In: Die Küste, 45: 59-70.

SINDOWSKI, K.-H. (1973): Das ostfriesische Küstengebiet - Inseln, Watten und Marschen. Stuttgart (Sammlung Geol. Führer, 57).

STERR, H. (1987): Genese und Veränderungen des submarinen Reliefs der südlichen Kieler Bucht. Berlin (Berl. Geogr. Studien, 25: 95-118).

STREIF, H. (1989): Barrier islands, tidal flats, and coastal marshes resulting from a relative rise of sea level in East Frisia on the German North Sea coast. Proc. KNGMG Symp. 'Coastal Lowlands, Geology and Geotechnology', 1987: 213-223. Kluwer Acad. Publ., Dordrecht.

TAUBERT, A. (1986): Morphodynamik und Morphogenese des Nordfriesischen Wattenmeeres. Hamburg (Hamb. Geogr. Schriften, 42).

THOMAS, R.H. (1986): Future Sea Level Rise and its early Detection by Satellite Remote Sensing. In: TITUS, J.G. (Hrsg.): Effects of Changes in stratospheric Ozone and global Climate, 4: Sea Level Rise: 19-36.

WIELAND, P. (1972): Untersuchungen zur geomorphologischen Entwicklungstendenz des Außensandes Blauort. In: Die Küste, 23: 122-149.

WIELAND, P. & E. THIES (1975): Methoden der Wattvermessung an der schleswig-holsteinischen Westküste. In: Wasserwirtschaft, 65: 194-198.

WILLIGEN, G.W. van (1982): De gravimetrische geoide van Nederland. In: NGT Geodesia, 28: 248-254.

DER AMSTERDAMER PEGEL

Auf des Meeres kühlem Grunde an dem Strand von Amsterdam
Steht der wichtigste der Pegel, halb bedeckt mit Sand und Schlamm.
Zu bedauern ist der Arme, zu beklagen sein Geschick;
Es erfreut in seinem Dasein selten ihn ein lichter Blick!

Zwischen Austern, Krebsen, Fischen, die bekanntlich kaltes Blut,
Taucht nur selten eine Latte zu ihm in die dunkle Flut.
Goldne Sonne, große Sterne uns'res Himmels, uns'rer Welt,
Sie umgeben mit Trabanten sich umsonst, teils auch für Geld.

Dieses mehrt den Ruhm der Großen, setzt sie in ein hell'res Licht,
Doch es achtet uns'res Pegels niemand; man benutzt ihn nicht.
Und um seinen Ruhm zu schmälern, ist auch noch ein Beipunkt da;
Konkurrenz blüht ihm wie jedem, Konkurrenz von Fern und Nah.

An Gebäuden, festen Punkten, Pyramiden ohne Zahl,
Auf den Straßen sieht man Bolzen; jeder dünkt sich recht normal.
Am normalsten dünkt sich jener, den man in Berlin gesetzt;
Er vergißt jedoch nur leider, daß er Kindespflicht verletzt.

"Normal-Null", du stolzer Knabe, du lebst heut in aller Mund;
Dein Erzeuger ruht vergessen still am feuchten Meeresgrund!
und doch brennt in seinem Busen ein Verlangen, mächtig, hehr,
Möchte ziehen, möchte wandern weithin über Land und Meer,

Möchte klimmen auf der Schiene mill- und zentimeterweis,
Auf die Berge, auf die Höhen mit dem Spiegelblanken Gleis.
Möchte schauen, möchte blicken fremde Völker, Städte, Land;
Doch er bleibt trotz seinem Sehnen an der Sohle festgebannt.

Tröste dich, du armer Pegel! Bleib hübsch rühig auf dem Grund;
Denn nur so wirst du unsterblich und preist dich des Dichters Mund.
Denke nur, was soll das geben, wenn du deinen Stand verläßt!
Darum weiche nicht und wanke; sondern stehe felsenfest.

All die Bolzen, all die Kreuze, alle Punkte groß und klein,
Sind bezüglich ihrer Höhe nur basiert auf dich allein.
Alle sind sie null und nichtig, keiner taugt was, ohne Zahl
Sind sie nicht mehr zu gebrauchen, wenn du nicht mehr bleibst normal!

Dir zur Ehre, alter Pegel, ist dies hohe Lied gemacht;
Der Gedanke ist von Schröder; Arendt hat's in Reim gebracht.

(Aus dem Landmesser-Liederbuch von Albert Emelius, Verlag von Konrad Wittwer, Stuttgart 1904)

BERLINER GEOGRAPHISCHE STUDIEN

Band 1: NISSEL, Heinz: Bombay. Untersuchungen zur Struktur und Dynamik einer indischen Metropole. 1977, XIX, 380 S., 83 Tab., 48 Abb. (darunter 16 Farbkarten)
ISBN 3 7983 0573 0 vergriffen

Band 2: WEICHBRODT, Ernst (Hrsg.): Geographische Mobilität im ländlichen Raum am Beispiel des Landkreises Eschwege. 1977, XIV, 155 S., 45 Tab., 37 Abb., 2 Karten, 8 + 7 S. Anhang
ISBN 3 7983 0574 9 DM 7,00

Band 3: KRESSE, Jan-Michael: Die Industriestandorte in mitteleuropäischen Großstädten. Ein entwicklungsgeschichtlicher Überblick anhand der Beispiele Berlin sowie Bremen, Frankfurt, Hamburg, München, Nürnberg, Wien. 1977, VIII, 147 S., 12 Karten
ISBN 3 7983 0583 8 vergriffen

Band 4: MÜLLER, Dietrich O.: Verkehrs- und Wohnstrukturen in Groß-Berlin 1880 - 1980. Geographische Untersuchungen ausgewählter Schlüsselgebiete beiderseits der Ringbahn. 1978, XIII, 147 S., 8 Tab., 10 (darunter 4 mehrfarbige) Fig., 46 Bilder
ISBN 3 7983 0592 7 DM 10,00

Band 5: ELLENBERG, Ludwig: Morphologie venezolanischer Küsten. 1979, IX, 135 S., 11 Tab., 43 Abb., 30 Bilder, 1 Faltkarte
ISBN 3 7983 0630 3 DM 7,00

Band 6: WEICHBRODT, Ernst: Der Einfluß von Raumausstattung, Betriebsgrößen und Bevölkerungsgruppen auf den agrarstrukturellen Wandel in Nordosthessen - zugleich ein methodischer Beitrag zur Ermittlung sozialgeographischer Gruppen. 1980, XI, 160 S., 16 Tab., 27 Abb., 20 (darunter 4 mehrfarbige) Karten
ISBN 3 7983 0631 1

Band 7: HOFMEISTER, Burkhard / STEINECKE, Albrecht (Hrsg.): Beiträge zur Geomorphologie und Länderkunde. Prof. Dr. Hartmut Valentin zum Gedächtnis. 1980, X, 349 S., zahlr. Abb. u. Karten im Text, 1 Karte im Anhang
ISBN 3 7983 0632 X

Band 8: STEINECKE, Albrecht (Hrsg.): Interdisziplinäre Bibliographie zur Fremdenverkehrs- und Naherholungsforschung. Beiträge zur allgemeinen Fremdenverkehrs- und Naherholungsforschung. 1981, XXII, 583 S.
ISBN 3 7983 0765 2 vergriffen

Band 9: STEINECKE, Albrecht (Hrsg.): Interdisziplinäre Bibliographie zur Fremdenverkehrs- und Naherholungsforschung. Beiträge zur regionalen Fremdenverkehrs- und Naherholungsforschung. 1981, XVI, 305 S.
ISBN 3 7983 0766 0 vergriffen

Band 10: ZÖBL, Dorothea: Die Transhumanz (Wanderschafhaltung) der europäischen Mittelmeerländer im Mittelalter in historischer, geographischer und volkskundlicher Sicht. 1982, X, 90 S., 23 Abb.
ISBN 3 7983 0809 8

Band 11: RAUM, Walter: Untersuchungen zur Entwicklung der Flurformen im südlichen Oberrheingebiet. 1982, VIII, 172 S., 10 Karten, 9 Abb.
ISBN 3 7983 0846 2

Band 12: DAMMSCHNEIDER, Hans-Joachim: Morphodynamik, Materialbilanz und Tidewassermenge der Unterelbe. 1983, XI, 131 S., 46 Tab., 38 Abb., 13 Kartogramme
ISBN 3 7983 0864 0 DM 7,00

Band 13: CIMIOTTI, Ulrich: Zur Landschaftsentwicklung des mittleren Trave-Tales zwischen Bad Oldesloe und Schwissel, Schleswig-Holstein. 1983, VII, 92 S., 18 Abb. (teilweise im Anhang), 1 mehrfarbige Karte im Anhang
ISBN 3 7983 0951 5 DM 12,00

Band 14: 20 JAHRE GEOGRAPHIE AN DER TECHNISCHEN UNIVERSITÄT BERLIN. TÄTIGKEITSBERICHT 1962 - 1982. 1983, VI, 50 S., 7 Abb.
ISBN 3 7983 0952 3 DM 7,00

Band 15: STEINECKE, Albrecht (Hrsg.): Interdisziplinäre Bibliographie zur Fremdenverkehrs- und Naherholungsforschung. Beiträge zur allgemeinen und regionalen Fremdenverkehrs- und Naherholungsforschung. Fortsetzungsband. Berichtszeitraum 1979 - 1984. 1984, XXII, 428 S.
ISBN 3 7983 1011 4 DM 12,00

Band 16: HOFMEISTER, Burkhard / VOSS, Frithjof (Hrsg.): Geographie der Küsten und Meere. Beiträge zum Küstensymposium in Mainz, 14. bis 18. Oktober 1984. 1985, VI, 222 S., 52 Abb., 16 Tab. und 29 Photos im Text
ISBN 3 7983 1059 9 DM 25,00

Band 17: HOFMEISTER, Burkhard / VOSS, Frithjof (Hrsg.): Exkursionsführer zum 45. Deutschen Geographentag in Berlin, 1985. 1985, VI, 368 S., 67 Abb., 7 Tab. und 6 Photos im Text
ISBN 3 7983 1069 6 vergriffen

Band 18: HOFMEISTER, Burkhard / VOSS, Frithjof (Hrsg.): Neue Forschungen zur Geographie Australiens. Ergebnisse aus dem Arbeitskreis Australien. 1986, VI, 180 S., 48 Abb., 15 Tab. und 39 Photos im Text
ISBN 3 7983 1126 9 DM 25,00

Band 19: GABRIEL, Baldur: Die östliche Libysche Wüste im Jungquartär. Vornehmlich nach neueren Feldbefunden. 1986, VI, 216 S., 32 Abb., 114 Tab. und 50 Photos im Text
ISBN 3 7983 1132 3 DM 39,00

Band 20: HOFMEISTER, Burkhard / VOSS, Frithjof (Hrsg.): Beiträge zur Geographie der Kulturerdteile. 1986, VIII, 346 S., 48 Abb., 46 Tab., 27 Photos und 5 Faltkarten im Anhang
ISBN 3 7983 1133 1 DM 34,00

Band 21: STEINECKE, Albrecht: Freizeit in räumlicher Isolation. Prognosen und Analysen zum Freizeit- und Fremdenverkehr der Bevölkerung von Berlin (West). 1987, XVI, 278 S., 12 Abb., 67 Tab., 19 Photos und 31 Delphi-Übersichten im Text
ISBN 3 7983 1157 9 DM 30,00

Band 22: JASCHKE, Dieter: Die agrarische Tragfähigkeit Australiens. Nutzung und Inwertsetzbarkeit der landwirtschaftlichen Potentiale. 1987, VIII, 142 S., 31 Abb. und 42 Tab. im Text
ISBN 3 7983 1158 7 DM 30,00

Band 23: CIMIOTTI, Ulrich (Hrsg.): Beiträge zum Quartär von Holstein. 1987, IV, 212 S., 87 Abb., 2 Photos und 11 Tab. im Text
ISBN 3 7983 1175 7 DM 32,00

Band 24: HOFMEISTER, Burkhard / VOSS, Frithjof (Hrsg.): Neue Forschungen zur Geographie Australiens II. Ergebnisse aus dem Arbeitskreis Australien. 1987, VI, 173 S., 44 Abb. und 5 Tab. im Text, 11 S. Photoanhang
ISBN 3 7983 1176 5 DM 28,00

Band 25: HOFMEISTER, Burkhard / VOSS, Frithjof (Hrsg.): Beiträge zur Geographie der Küsten und Meere. Ergebnisse der Symposien Sylt 1986 und Berlin 1987. 1987, VI, 472 S., 167 Abb., 53 Photos und 22 Tab. im Text
ISBN 3 7983 1177 3 DM 48,00

Band 26: SÄNGER, Helmut: Die Vergletscherung der Kap-Ketten im Pleistozän. 1988, X, 195 S., 36 Abb., 7 Tab., 15 Karten und 22 Photos im Text bzw. Photoanhang
ISBN 3 7983 1211 7 DM 27,00

Band 27: SCHAAFHAUSEN-BETZ, Sabine: Auswirkungen spontaner Landnahme in Ost-Kalimantan. Untersucht am Beispiel der Straße von Samarinda nach Balikpapan, Ost-Kalimantan, Indonesien. 1988, VIII, 118 S., 24 Abb. (davon 2 Farbkarten), 4 Tab. im Text
ISBN 3 7983 1213 3 DM 23,00

Band 28: SCHULZ, Georg: Lexikon zur Bestimmung der Geländeformen in Karten. 1989, V, 359 S., 296 Abb. incl. 8 farb. Abb. 2. überarbeitete und ergänzte Auflage, 1991
ISBN 3 7983 1283 4 DM 30,00

Band 29: ELLENBERG, Ludwig (Hrsg): Gefährdung und Sicherung von Straßen in Costa Rica und Panamá. 1990, XII, 153 S., 11 Tab., 63 Karten
ISBN 3 7983 1299 0 DM 32,00

Band 30: GABRIEL, Baldur (Hrsg.): Forschungen in ariden Gebieten. Aus Anlaß der Gründung der Station Bardai (Tibesti) vor 25 Jahren. 1990, VI, 300 S. ,10 Tab., 70 Abb., 18 Photos und eine Kartenbeilage
ISBN 3 7983 1340 7 DM 46,00

Band 31: HOFSTEDE, Jacobus: Hydro- und Morphodynamik im Tidebereich der Deutschen Bucht. 1991, X, 113 S., 13 Tab., 41 Abb., 3 Photos im Text
ISBN 3 7983 1422 5 DM 21,00

Band 32: VOLMERIG, Rolf-Dieter: Kommunaler Finanzausgleich und zentrale Orte in Schleswig-Holstein. 1991, XVI, 258 S., 87 Tab., 37 Abb. und eine Faltkarte (Kartentasche)
ISBN 3 7983 1429 2 DM 38,00

Band 33: HOFMEISTER, Burkhard/ MÖBIUS, Dina (Hrsg.): Exkursionen durch Berlin und sein Umland
in Vorbereitung

Die angegebenen Preise gelten für bestellte Versandlieferungen im Inland. Für Lieferungen ins Ausland werden ggf. zusätzlich Versand- und Bankspesen berechnet. Bei Mengenabnahme eines Titels -einschließlich Kommission- kann jedoch Preisnachlaß gewährt werden. Näheres auf Anfrage. Bei Barkauf in der Verkaufsstelle reduzieren sich die Listenpreise um jeweils DM 2,-. Ältere Titel (vor 1983) sind bereits mit stark reduziertem Preis im Angebot.

Titel ohne Preisangabe können im Postversand nur zusammen mit der gleichen Anzahl kostenpflichtiger Titel oder gegen Berechnung einer Versandkostenpauschale von DM 5,- für je 1 bis 5 Exemplare geliefert werden. Einrichtungen der TU zahlen i.d.R. durch interne Verrechnung.

